直升机多普勒导航雷达原理

主　编　臧和发　裴承山
副主编　程海川　肖　剑　纪双星　于晓亮

北京航空航天大学出版社

内 容 简 介

本书系统地介绍了直升机多普勒导航雷达的基础知识和多普勒雷达设备电路原理。全书分为 9 章,第 1 章介绍直升机多普勒导航雷达的基础知识,第 2 章到第 9 章以某型多普勒导航雷达为例较系统地介绍各部分电路的原理及电路实现。在表达上力求深入浅出,简明扼要,通俗易懂和图文并茂。

本书可供从事研制、生产和使用直升机多普勒导航雷达设备的工程技术人员及飞行人员参考。也可作为职业类院校相近专业课程的教学参考书。

图书在版编目(CIP)数据

直升机多普勒导航雷达原理 / 臧和发,裴承山主编. -- 北京：
北京航空航天大学出版社,2012.6
ISBN 978 - 7 - 5124 - 0778 - 7

Ⅰ. ①直… Ⅱ. ①臧…②裴… Ⅲ. ①直升机—多普勒导航—
导航雷达—介绍 Ⅳ. ①V275②241.62

中国版本图书馆 CIP 数据核字(2012)第 063919 号

直升机多普勒导航雷达原理
臧和发　裴承山　主　编
程海川　肖　剑　纪双星　于晓亮　副主编
责任编辑　金友泉
＊
北京航空航天大学出版社出版发行

北京市海淀区学院路 37 号(邮编 100191)　http://www.buaapress.com.cn
发行部电话:(010)82317024　传真:(010)82328026
读者信箱：bhpress@263.net　邮购电话:(010)82316936
北京市媛明印刷厂印装　各地书店经销
＊
开本:787×960　1/16　印张:13.75　字数:308 千字
2012 年 6 第 1 版　2012 年 6 月第 1 次印刷　印数:2 500 册
ISBN 978 - 7 - 5124 - 0778 - 7　定价:27.00 元

前　言

　　直升机多普勒导航雷达是一种直升机机载自备式导航设备。在直升机飞行过程中，直升机多普勒导航雷达利用多普勒效应，测量直升机相对于大地坐标系的地速和偏流角，或者测量直升机的三个轴向速度，再通过数据处理，得出直升机当前的地理坐标位置和到达目的地的应飞航向、应飞距离和应飞时间等多种导航信息，从而达到导航的目的。

　　直升机多普勒导航雷达测得的速度信息，只与直升机的相对运动有关，不受地理条件的限制，受外界气候条件的限制较少，适用于全球导航、全天候导航，因此，是一种目前直升机普遍采用的机载自备式导航设备。

　　目前，介绍直升机多普勒导航雷达的相关书籍很少。我们编写此书的目的，是为了满足从事相关工作的人员学习研究直升机多普勒导航雷达有关知识的需要。

　　本书在编写过程中注重理论与实际相结合，既有基础理论知识的铺垫，较为系统地介绍直升机多普勒导航雷达以及利用直升机多普勒导航雷达导航的基本知识；又以大量实例介绍雷达电路原理及电路实现过程，力求呈现给广大读者较完整的知识结构。在文字叙述上，力求深入浅出，简明扼要，对重点及难点内容进行了较详尽的论述。

　　本书由臧和发、裴承山、程海川、肖剑、纪双星、于晓亮、张国新、赵阳编写，全书由裴承山、臧和发统稿。

　　鉴于编者水平所限，书中可能有错误和不妥之处，欢迎读者批评指正。由于附录图的图幅大，电路元件多，线条密集，给字号大小的统一和图形的清晰标注带来困难，请鉴谅。

编　者
2011 年 12 月

目　　录

第1章　直升机多普勒导航雷达基础知识

直升机导航设备(或系统)是直升机飞行过程中必不可少的飞行保障装备。导航设备(或系统)按其能否单独产生导航信息,可以分为自主式导航系统和非自主式导航系统。如果装在运载体上的导航设备(或系统)可以单独产生导航信息,称为自主式导航系统;如果除了要求在运载体上装有导航设备外,还需要在其他地方设置一套导航设备(称为导航台),两者相互配合才能产生导航信息,称为非自主式导航设备(或系统)。目前直升机上装备的自主式导航设备主要有多普勒导航雷达系统(DNS)、高度表、惯性导航系统(INS)等。非自主式导航设备目前主要有无线电罗盘和卫星导航系统等。

多普勒导航雷达系统是 1945 年左右开始发展的自主式导航系统。由多普勒导航雷达和导航计算机组成,其中多普勒雷达采用非相干脉冲体制,具有"自动风记忆"(由多普勒地速减去真空速计算而得)和世界磁差存储功能,总的定位误差为所飞距离的 1%～2%。另外还有一种采用连续波体制的多普勒雷达也研制成功。它采用两收两发共四个天线,只有两个波束,测速精度为 0.35%±0.3 km。接着,一批多普勒导航系统采用了连续波频率调制(FM-CW)体制。在 20 世纪 50 个代和 60 年代,当时机载惯性导航部件还未出现或普及,欧米伽远程无线电导航系统还未出现,多普勒导航系统曾经是唯一可以提供全球覆盖的导航系统。因此,多普勒导航在海、陆、空的军用飞机上广泛装备,大量安装到轰炸机、运输机、预警机、侦察机、战斗机和直升机上。从 1962 年开始,许多国家的国际航线为了远距离越洋飞行,也大量使用多普勒导航。许多精度高、体积小、质量轻和价格便宜的多普勒导航系统不断地被生产出来,型号随着科学技术的发展也在迅速更新换代。我国近几十年来,也已经生产了十几种型号的多普勒导航系统安装在各种飞机上。随着航空惯性导航技术的发展和 GPS 投入运行,出现了多普勒导航系统与惯性导航和 GPS 相结合的组合导航系统,提高了导航精度,并进一步扩展了多普勒导航雷达的应用领域。

多普勒导航雷达系统利用多普勒效应,根据从雷达斜下方发射的 2～4 个波束的回波,检测出直升机相对于地面的地速和偏流角;或者在机体坐标系检测出的三维速度分量,经分解计算得山直升机当前的地理坐标位置和到达目的地的应飞航向、应飞距离和应飞时间等导航信息。多普勒导航雷达原理的学习,可以先从导航的基础知识入手,逐渐深入。

1.1 导航系统的一般概念

1.1.1 导航基本概念

"导航"是正确引导航行体(如直升机),沿着预定航线,在一定时间内,到达目的地。完成这一任务的系统或设备称为导航系统或导航设备。

为实现正确导航,要求随时知道航行过程中与航行有关的某些参数,如直升机的当时位置、航向、运动速度、偏流角、偏航距、偏航角等,这些参数统称为导航参数。

对有人驾驶的直升机来说,由领航员通过观测仪表,获得这些导航参数,甚至使用计算尺计算这些导航参数,然后驾驶直升机,按正确航线飞行。随着科学技术的发展,早期用人工观测或计算众多导航参数,然后决定驾驶直升机的飞行方式,已不能满足现代直升机导航的要求。因此,世界各国研制了各种导航系统,可自动地提供各种导航参数。在现代各种航行体上,导航系统已成为保证完成航行任务不可缺少的装备。

导航系统分为开环导航系统和闭环导航系统。对一般导航系统而言,如果只是提供各种导航参数,而不直接参与对直升机的航行控制,则导航系统在整个直升机系统中是一个开环系统。在一定意义上讲,导航系统只是一个信息处理系统,它把各种传感器测得的各种航行信息,处理成正确引导飞行所需要的导航参数。如果把导航系统与自动驾驶仪组合起来,导航系统将有关导航参数送给自动驾驶仪,自动驾驶仪根据得到的导航参数控制直升机按预定航线飞行。而新的航行参数,由导航系统进行处理,计算出新的导航参数……如此不断循环,便自动完成导航、飞行自动控制等一系列工作。这样,便构成一个闭环系统,这个闭环系统称为飞行自动控制系统,如图1-1所示。

图1-1 飞行自动控制系统

随着导航和自动控制技术的发展,特别是计算机技术的大量应用,使得飞行自动控制系统的作用已不仅局限于减轻飞行员的负担,而且已成为保证及提高飞行整体性能的重要手段。

1.1.2 导航方法

导航方法十分广泛,且随着科学技术的进步而不断发展。目前人们使用的导航方法有地标导航、地磁导航、天文导航、惯性导航、无线电导航、雷达导航、卫星导航及组合式导航等。在上述这些导航方式中,无线电导航是利用地面的导航台来测量直升机的当前位置并计算出直升机相对地面的运动速度;卫星导航是通过分布在地球上空的卫星和安装在直升机上的接收机来确定直升机的当前位置,并计算直升机相对地面的运动速度;惯性导航则是利用力学中的惯性原理通过测量直升机运动的加速度,来计算直升机相对地面的运动速度和当前位置;而多普勒导航雷达导航是依据电磁波的多普勒效应来测量直升机相对地面运动速度并计算出直升机的当前位置。其中有一些,如无线电导航、卫星导航等,是需借助机载导航系统以外的设备实现导航的,如无线电导航(罗兰-C 或欧米伽)是依赖地面导航台;卫星导航要依赖导航卫星,因此,称为他备式导航系统。而多普勒导航和惯性导航则完全依靠自身的作用,不依赖于任何地面和空中的辅助设备,便可实现对载机的导航,故称为自主式导航系统。

组合导航是继卫星导航(GPS)后兴起的一种新的导航方式。它是将上述两种或三种导航设备综合使用,相互取长补短,并实施现代信号理论中的最佳估值,从而使导航定位精度显著提高。目前,国内正在研究或装备的组合导航系统有多普勒/GPS、惯性/GPS、多普勒/惯性/GPS 等综合导航方式。

从原理上讲,多普勒导航雷达导航是一种推算定位导航法,它利用航行速度、航向及航行时间,推算正在飞行中的直升机相对于起点的位置进行导航。多普勒导航利用多普勒效应,测取多普勒频移,计算直升机的运动速度,从而进行推算定位导航。

1. 多普勒导航雷达导航的优点

① 能自动连续地测量出直升机相对于地面的精确速度及瞬时位置等导航参数。

② 它不需要任何地面设备,就能完成导航任务。因此,多普勒导航雷达导航称为自主式导航。

③ 多普勒导航雷达测得的速度信息,只与直升机的相对运动有关,在地球上的任何地方都可得到,因此不受地理条件的限制,适合于全球导航。

④ 若多普勒导航雷达设计得当,则很少受外界气候条件的限制,基本上适用于全天候导航。

⑤ 航行前不需要调整,使用简单方便。

2. 多普勒导航雷达导航的缺点

① 由于多普勒信号具有起伏特点,测得的瞬时速度没有平均速度那样精确。

② 系统给出的当前位置误差,特别是在平静海面记忆状态时,随着航行距离的增加而增加。

③ 系统要求航向基准具有足够高的精度,否则会导致较大的位置误差。

1.1.3　导航坐标系

导航系统使用机载设备测量并计算各种导航参数,其中任务之一就是测算当前位置。由于直升机相对于地面运动,所以将使用地面系统中的坐标系及直升机系统中的坐标系。它们

直升机多普勒导航雷达原理

4

包括地理坐标系、地面坐标系、网格坐标系、机体坐标系、水平面坐标系和极坐标系。下面对这些坐标系做一简单介绍。

1. 地理坐标系

直升机在地球周围大气层中运动时,其空间位置,常用它在地球表面铅垂线投影点的经、纬度及高度来表示。这个经、纬度及高度就是用来描述直升机在空间的地理坐标系参量。

2. 地面坐标系

地面坐标系以直升机在地球表面的铅垂线投影点为坐标原点,以经过此点的经线为纵轴(称为 N 轴,指向北为正),以通过此点的纬线为横轴(称为 E 轴,指向东为正),如图 1-2 所示。

3. 机体坐标系

机体坐标系固定于直升机机体内,坐标系原点 O 为直升机机体重心,x_a 与机体纵轴一致,并指向机头方向;y_a 在直升机水平面内,与纵轴 x_a 垂直,并指向机体右边;立轴 z_a 垂直于直升机机体水平面,并指向座舱盖方向,如图 1-3 所示。

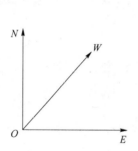

图 1-2　地面坐标系

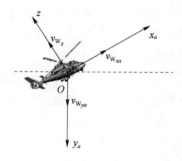

图 1-3　机体坐标系

4. 水平面坐标系

水平面坐标系是一种导出坐标系,它是直升机机体坐标系在水平面上的投影。水平面坐标系原点与机体坐标系原点一致,纵轴 x 为机体坐标系 x_a 轴在水平面上的投影,立轴 z 垂直于水平面,向上为正,横轴 y 与 xz 轴水平面垂直,指向右为正。

5. 网格坐标系

在地面坐标系中,以地理经线及纬线为 N 轴及 E 轴,在低纬度区域,它们相互垂直,但随着纬度的增加,尤其在极区,N 轴与 E 轴之间的垂直度越来越差,因此在高纬度区,使用地面坐标系计算导航参数,会导致较大误差,为解决此问题,使用网格坐标系。

网格坐标系是在高纬度区建立的平面直角坐标系。以网络坐标原点为网格中心 G,用某一点的经度和纬度表示。通过网格中心 G 的子午线(真经线)称为网格坐标系的网格赤道,与其平行的小圆,称为网格纬度。通过网格中心 G,垂直于网格赤道的大圆为网格坐标系的网格起始子午线,垂直于网格赤道的其他大圆,称为网格经线。以网格赤道、网格子午线为 x 轴、y 轴的直角坐标系,就是网格坐标系,如图 1-4 所示。

6. 极坐标系

在地面上给定一点 O 及射线 OA(在导航系统中 OA 指向正北),则地面上任一点的位置 M 可用两个数 γ 及 θ 来表示(见图 1-5),这样规定的数 γ 及 θ 称为点 M 的极坐标,γ 称为极径,θ 为极角,O 为极点,OA 为极轴。

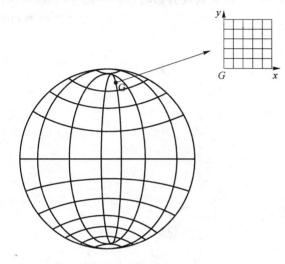

图 1-4　网格坐标系　　　　　　　　　图 1-5　极坐标系

1.1.4　航行三角形

直升机的航行,除了受到发动机推力产生的空速作用外,还受风速、风向等因素的影响。下面我们研究风对直升机飞行的影响。

1. 无侧风情况下的飞行

在有、无侧风情况下,直升机的飞行是不同的。顺风飞行时,直升机速度增加;逆风飞行时,直升机速度降低。所谓侧风,是方向与航向不一致的风,这不但影响直升机的速度,而且影响直升机的航迹。图 1-6 所示为无侧风情况下直升机的航行示意图。图中 N 为正北方向;V 为直升机空速,它是直升机相对于空气的运动速度;θ_{HX} 是航向角,是直升机纵轴与正北方向之间的夹角,称为航向角;h 是飞行高度。图中实线为直升机在空中的航线,虚线是直升机航线在地面上的投影,称为航迹线,航迹线与正北方向之间的夹角称为航迹角 θ_{HJ}。v_W 是地速,它是直升机在地面上的投影点的移动速度,即为直升机相对于地面的水平运动速度。θ_{HJ} 及 v_W 表明直升机相对于地面的运动情况。

在无侧风情况下,航向角与航迹角相等。此时,直升机机头对准哪里,就飞往哪里。

2. 有侧风情况下的飞行

实际上,空中总是有风的,而侧风是经常的现象。为了便于计算,规定风向为风头的方向,风向与正北方向之间的夹角为风向角,用 θ_{FX} 表示,也称为下风方向。风的速度称为风速,用 U 表示。直升机在空中的飞行会受风的影响,而随风飘移。图 1-7 是在有侧风情况下直升机的航行情况。

在图 1-7 中,假设直升机以无侧风时的航向和空速,由 O 点飞向 A 点,但由于受侧风影响,直升机在空中,由自身推力向前运动的同时,还会受到风力影响而朝下风方向飘移,因此,经过一定时间,直升机将到达与 A 点相距 ΔS 的 B 点上空。很明显,这时直升机将沿着 OB 线的正方向飞行。

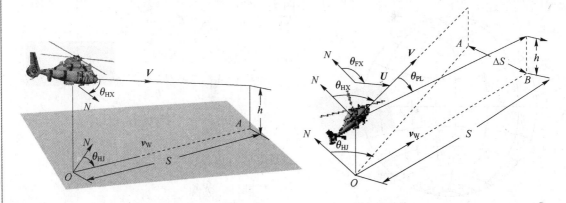

图 1-6 直升机在无侧风情况下的航行 图 1-7 直升机在有侧风情况下的航行

由此可见,在有侧风情况下,直升机的航迹角 θ_{HJ} 不等于直升机的航向角 θ_{HX},地速 v_W 不等于空速 V,所以地速矢量 v_W 与空速矢量 V 不一致。因此,侧风使直升机不是飞到机头所对准的某地上空,而是飞到下风方向的另一地点上空。

3. 航行三角形

为了说明直升机在有侧风情况下的航行规律性,应研究航迹角 θ_{HJ}、地速 v_W、航向角 θ_{HX}、空速 V、风向 θ_{FX} 和风速 U 之间的关系。

直升机相对于空气的运动用空速矢量 V 来表示,空气相对于地面的运动用风速矢量 U 来表示,直升机相对地面的运动用地速矢量 v_W 来表示。很显然,地速矢量 v_W 是空速矢量 V 与风速矢量 U 的合成矢量,如图 1-8 所示。这个由空速矢量 V、风速矢量 U 和地速矢量 v_W 三条边构成的三角形称为航行速度三角形。

由图 1-8 可见,航迹角与航向角之间的关系可用空速矢量与地速矢量之间的夹角来表示,这个夹角称为航向偏流角,用 θ_{PL} 表示。图 1-9 表示,在不同侧风时,地速矢量与风速矢量之间的相对关系。

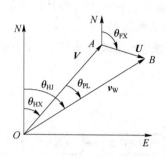

图 1-8　航行三角形

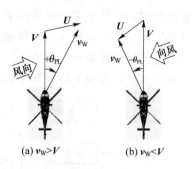

图 1-9　侧风不同时的偏流角

由图 1-9 可见,在左侧风时,地速矢量偏向空速矢量的右边,此时的偏流角规定为 "$+\theta_{PL}$";反之,规定为"$-\theta_{PL}$"。从该图可以看出,顺着侧风航行时,地速大于空速,而逆着侧风航行时,地速小于空速。

航迹角 θ_{HJ} 与航向偏流角 θ_{PL} 之间关系为

$$\theta_{HJ} = \theta_{HX} + \theta_{PL}$$

由以上分析可见,直升机在有侧风情况飞行时,只要测出直升机的地速及航向偏流角,将直升机的航向修正一个偏流角,使目的地处于航迹角方位上,就能使直升机准确地飞抵目的地上空。还可根据地速大小,精确算出到达目的地上空的飞行时间。

存在侧风时产生偏流还可从侧风使直升机产生横向速度来理解。

将侧风分解为二个风,一个风与直升机航向一致,它影响直升机纵向地速 v_{W_x};另一个风与直升机航向垂直,使直升机产生一个横向地速 v_{W_y},影响直升机航迹角,其情况如图 1-10 所示。

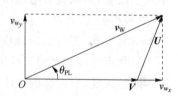

图 1-10　直升机地速与偏流角之间的关系

从图 1-10 中可以得到偏流角 θ_{PL}、地速 v_W 与纵向地速 v_{W_x}、横向地速 v_{W_y} 之间的关系,即

$$\tan \theta_{PL} = \frac{v_{W_y}}{v_{W_x}}, \quad v_W = \sqrt{v_{W_x}^2 + v_{W_y}^2}$$

由此可见,如测出直升机的轴向地速 v_{W_x}、v_{W_y},可以算出偏流角 θ_{PL} 及地速 v_W。也就是说,测 v_{W_x}、v_{W_y} 与测 θ_{PL}、v_W 具有同等意义。

1.2　多普勒导航雷达的主要组成部分

按照辐射信号的形成,多普勒导航雷达可以分成两大类,即连续波多普勒导航雷达和脉冲波多普勒导航雷达。连续波多普勒导航雷达根据其频率是否受调制,又可分成简单连续波多普勒导航雷达和调频连续波多普勒导航雷达;而脉冲波多普勒导航雷达按其信号相干的特性,又可分成自相干脉冲多普勒导航雷达和相干脉冲多普勒导航雷达。

以上四种体制的多普勒导航雷达虽然各有其特点,但基本组成是相同的,即主要包括收发系统、天线、频率测量器或频率跟踪器等,如图1-11所示。

图1-11　多普勒导航雷达基本组成框图

1.2.1　天　线

在多普勒雷达中,为了提高测速的精度和灵敏度,减小大气、雨雾等对电波的衰减和散射,以及减小天馈线的体积质量和天线的开口尺寸,其工作频率通常选择为X和K_U频段。雷达通常所选用的天线种类有抛物面天线、透镜天线和波导缝隙天线。多普勒雷达所使用的各类天线应该满足下述的要求:能够在指定的方向上形成所需要的波束形状和方向性图,并且在发射频率和环境温度发生变化,以及在机械振动和冲击等情况下,能够保证波束在空间中的位置不发生改变,否则将会给地速的测量带来较大的误差。另外,天线的旁瓣电平应当尽可能低一些,以减小旁瓣杂波干扰电平和消除频率测量电路的错误跟踪,通常希望旁瓣电平低于－20 dB。其次,设计的天线应该体积小、质量轻,并且成本低。

抛物面天线和透镜天线的辐射器到反射器和聚焦部件总是存在着一定的距离,因而它们属于厚型天线,所占据的空间位置比较大,在飞机上的安装也不方便,因此很少采用。波导缝隙天线的厚度基本上取决于波导的尺寸,因而它属于薄型天线,在形成相同的波束时,占据的空间位置比其他两种天线小。特别是在采用可动天线系统时,使用波导缝隙天线更为有利,其结构形状也便于安装和转动。另外,在波导缝隙天线中,可以通过改变各辐射缝隙的馈电相位来控制天线所形成的波束方向和波束形状,因而很容易实现形成几条波束和对波束的转换控制。同时,这种天线还具有使雷达所测量的多普勒频率值与发射频率的变化无关的优点。所以,在现代研制和生产的多普勒雷达中,更广泛地采用了波导缝隙天线。

1.2.2　收发系统

1. 简单连续波多普勒导航雷达的收发系统

在连续波多普勒导航雷达中,收发系统比较简单。发射机产生并通过天线向地面发射频率稳定度很高的单频等幅连续波振荡信号f_0;同时接收机接收来自地面反射回来的信号,该信号是一个中心频率为f_0+f_{d0}的频谱信号。在接收机的晶体混频器中,接收信号与发射机耦合过来的基准信号进行混频,就可以得出需要的多普勒频谱信号 f_d 了。

最简单的连续波多普勒导航雷达,是采用"零中频"的接收机,如图 1－12 所示。其晶体混频器输出的差频信号是以 f_{do} 为中心的低频多普勒频谱信号。因而,在接收机中没有中频放大器采用一般的低频放大器,可将信号放大后送到频率跟踪器。

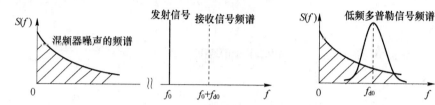

图 1－12　"零中频"接收机多普勒频谱信号

这种接收机的优点是电路比较简单,但它的缺点是在多普勒信号频段内(0～20 kHz),噪声电平比较高。这种噪声主要是由晶体混频器产生的,此外,设备和元器件的机械振动也会在音频频段内产生噪声。所以,接收机的灵敏度较低,实践证明,它比超外差接收机低 15～20 dB。另外,由于这种噪声频谱密度的不均匀性,会使多普勒信号频谱的分布变得不对称,给地速的测量带来误差。因此,"零中频"接收机通常仅应用在要求不高的多普勒导航雷达中。

为了消除低频噪声对接收机灵敏度的影响,可以采用二次变频的超外差式接收机,图 1－13(a)为二次变频超外差接收机信号图。在这种接收机中,接收信号和本振信号(f_L)先进行一次混频,取出差频分量作为中频信号,使多普勒信号在中频频段上放大,如图 1－13(b)所示,即变换成以 $f_{IF}＋f_{do}$ 为中心频率的频谱信号。由于中频信号一般选择为十几～几十兆赫,因而,避开了低频噪声对多普勒信号的影响。该信号经过中频放大器放大,与中频频率 f_{IF} 在第二混频器上再进行一次混频,取出其差频分量,就得到所需要的以 f_{do} 为中心频率的低频多普勒频谱信号(见图 1－13(c))。这样就避开了低频噪声的影响,提高了接收机灵敏度和测量精度。

在超外差式接收机中,通常采用图 1－14 所示方案来消除本振信号频率不稳定性对测量多普勒频率的影响。

在图 1－14 (a)所示的方案中,发射机通常采用速调管,产生频率为 f_0 的连续振荡信号,该信号一方面馈送给发射天线,同时还加到平衡调制器(混频器)。另外,本地振荡器产生的频率为 f_L 的中频本振信号,也加到平衡调制器,其输出端将产生两个旁频分量 $f_0 \pm f_L$,窄带滤波器取出其差频分量 $f_0 - f_L$ 加到晶体混频器作为本振信号,由接收天线接收的中心频率为 $f_0 + f_{do}$ 的多普勒频谱信号,也送到该混频器。这两个信号混频的差频分量经过中频放大器放大,输出中心频率为 $f_0 \pm f_L$ 的中频多普勒频谱信号送到平衡混频器。该信号与本地振荡器来的本振信号 f_L 在平衡混频器中进行混频。其差频分量经过低频放大器放大,得出中心频率为 f_{do} 的多普勒频谱信号,送到频率跟踪器。可见,在两次混频过程中,本振信号 f_L 都是由

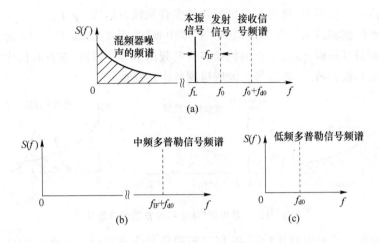

图 1-13 超外差式接收机的多普勒频谱信号

同一个本地振荡器产生的,本振信号频率的变化,将互相抵消,因此,本振信号频率的不稳定性,就不会影响多普勒频率的测量精度。

在图 1-14(b)所示的方案中,采用了典型的雷达接收机自动频率微调系统。该系统使本振信号频率 f_L 和发射信号频率 f_0 正好相差一个预定的中频频率 $f_{IF}(=f_0-f_L)$,这样在混频器 I 中,接收的多普勒信号 f_0+f_d 与本振信号 f_L 进行混频,其输出的差频信号为中频信号 $f_{IF}+f_d$。该信号经过中频放大器 I 放大以后,加到混频器 II。同时,由自动频率微调系统的中频放大器 II 输出的频率为 $f_{IF}=f_0-f_L$ 的外差信号也送到混频器 II,两个信号在混频器 II 中进行混频,其差频分量为低频多普勒信号 f_d,即

$$f_d=[(f_0+f_d)-f_L]-(f_0-f_L)$$

然后,经过低频放大器放大输给频率跟踪器。可见,低频多普勒信号 f_d 与本振信号频率 f_L 无关,所以本振频率的不稳定不影响测量多普勒频率的精度。

由于各种因素的影响,发射机的频率 f_0 可能发生快变化和缓慢变化。连续波多普勒导航雷达是相

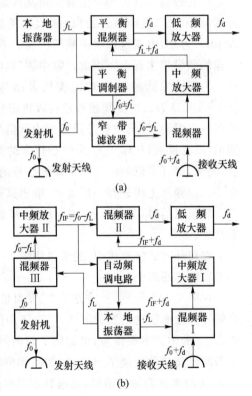

图 1-14 两种超外差式接收机原理方框图

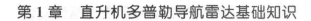
干系统,这两种频率的变化,对多普勒频率的测量精度将产生不同的影响。因此,对发射机的频率稳定度应有一定的要求。

首先来分析发射机频率 f_0 的快速变化对测量精度的影响。假设信号从飞机到地面往返传播的时间内,作为相干基准的发射机频率与其初始值 f_0 相比,变化了 $\pm \Delta f_{\mathrm{L}}$ 的数值。这时,在混频器输出端得到的低频多普勒信号频率为

$$(f_0 + f_{\mathrm{d}}) - (f_0 \pm \Delta f_{\mathrm{L}}) = f_{\mathrm{d}} \mp \Delta f$$

因而,测得的多普勒频率与真实的多普勒频率 f_{d} 相差了 $\mp \Delta f$ 值。

连续波多普勒导航雷达的主要缺点是,接收机受发射机直接耦合信号及邻近物体反射的影响很大。当直接耦合信号过大时,可使接收机混频器中的晶体烧坏,即使晶体没有损坏,也将给接收机带来附加噪声,从而降低接收机的灵敏度。这种情况是由以下两个原因产生的:

① 发射机产生的振荡严格说来不是一个单纯的正弦波。由于杂散效应、发射机及其零部件的振动、电源电压的起伏变化等原因,引起振荡信号的幅度、频率和相位发生随机的起伏变化,因而,发射信号的频谱中必然包含噪声分量加到接收机的输入端,使接收机的总噪声电平增加。

② 发射信号从天线的邻近物体(如天线罩、机体、发动机工作引起空气的涡流和雨、雪等)反射以后,直接进入接收机。天线和邻近物体有相对位移或振动时,进入接收机的直达信号受到随机的调制,这样一来会使接收机的总噪声电平增加。另外,这种反射信号也可能形成另外的频率分量,使频率跟踪器错误跟踪,产生很大的测量误差。

为了减小上述的影响,连续波多普勒导航雷达采用收、发分离天线的数据稳定系统,使收发通道之间有足够高的隔离度,通常为 70～90 dB。

显然,当收发通道的隔离度一定时,直接耦合信号和邻近物体反射信号的功率与发射信号的功率成正比,而与飞行高度无关。但是从地面反射回来的信号功率与飞行高度的平方成反比,这样就限制了雷达的最大作用高度。

连续波多普勒导航雷达的优点是电路比较简单,不需要调制,设备的体积小,重量轻。同时,由于接收机连续工作,会有高度死区,起始高度可以为零。另外,发射信号是未经调制的单一频率信号,雷达所接收的有用信号功率,都会集中在该频率的附近,可以百分之百地加以利用,因而它的功率利用系数最高。

由于连续波多普勒导航雷达是以相干方式工作的,因而它可以测量出飞机的三个速度分量以及各自的方向。

2. 自相干脉冲多普勒导航雷达的收发系统

脉冲体制的多普勒导航雷达在当发射机发射信号时,同步脉冲将接收机封闭,这样直漏信号和邻近物体的反射信号就不会进入接收机,因而克服了连续波多普勒导航雷达的主要缺点。

在自相干脉冲多普勒导航雷达中,对发射机的频率稳定度没有严格要求,所以发射机可采用一般的磁控管。为了保证自相干的工作条件,雷达通常采用天线稳定系统和双向对称配置的扇形波束。这样,当飞机处于机动飞行或在山地上空飞行时,使前向波束和后向波束所接收

的回波信号,至少有一部分在时间上能同时到达接收机。在差拍检波器中,两个波束接收的信号同时进行检波,使输出端得出的多普勒信号的频率等于单波束测得的多普勒信号频率的两倍。

图1-15为自相干脉冲多普勒导航雷达收发系统的原理方框图。可见,这种雷达发射机和典型脉冲雷达发射机相比,增加了一个噪声产生器,这是为了消除高度死区而设置的。它控制着预脉冲产生器,使脉冲重复频率按照随机规律变化,保证雷达从最低作用高度到最高作用高度的范围内,均能正常工作。预调脉冲经过调制器加到磁控管上,磁控管振荡器产生射频脉冲信号,经过收发开关和波束转换开关馈送到天线。收发开关可使雷达在发射和接收信号时共用一个天线。

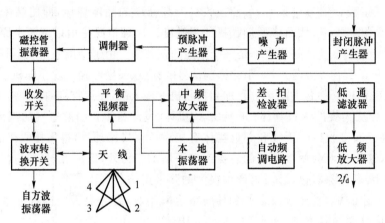

图1-15　自相干脉冲多普勒导航雷达收发系统的原理方框图

波束转换开关使天线在同一瞬间仅形成一对波束(前左和后右波束对或前右和后左波束),并且实现对两对波束的转换控制。这种雷达可以共用一套接收机和频率跟踪器,使设备得到简化。波束转换开关的动作由方波振荡器输出的方波信号控制。为了保证每一对波束的辐射时间远远大于信号从飞机到地面往返传播的时间,其转换频率通常选择为一赫到几赫兹。当发射机工作时,调制器控制着封闭脉冲产生器以产生同步封闭脉冲,加到接收机的中频放大器,使接收机封闭。

当发射机工作时,封闭脉冲将接收机同步封闭。当飞机在较高的高度上飞行时,由于脉冲重复频率很高,信号从飞机到地面往返传播的时间比脉冲周期长得多,由于接收机被周期地封闭,飞机在许多层次的高层上飞行时,雷达因接收机接收不到回波信号而停止工作。通常,将这些高度层称为"高度死区"。

为了消除"高度死区"和减小高度刻度误差,在自相干脉冲多普勒雷达中,通常采用下述两个措施。

① 设置一个噪声发生器:如图1-15所示,在发射机中设置一个噪声发生器,它产生的低频噪声加到预脉冲发生器上,使脉冲重复频率 f 按照随机规律变化。这样,当飞机在某一高

度上飞行时,虽然对于某些脉冲重复频率处于"高度死区",雷达接收不到回波信号,但总存在另外一些脉冲重复频率不是处于"高度死区",使雷达能接收到这些脉冲重复频率的回波信号,而不致使中断工作。因而消除了"高度死区",同样也减小了高度刻度误差。但是,由于总有一些脉冲重复频率的回波信号不能被雷达接收,因而信噪比下降。应该指出,设置噪声发生器不是唯一的方案,雷达也可以采用正弦波或三角波信号发生器,用其产生的低频信号控制预脉冲发生器,使脉冲重复频率以几十赫兹的频率按确定的规律变化。

② 采用扇形波束:由于波束宽度的展宽,使雷达在整个波束宽度内所接收的回波脉冲信号的持续时间大大增加,因而可以减小"高度死区"和高度刻度误差的影响。

由上述对"高度死区"的分析可见,自相干脉冲多普勒导航雷达与典型的脉冲雷达一样,存在一个最低作用高度。在典型的自相干脉冲多普勒导航雷达中,最低作用高度约为 30～60 m,这样一来,就限制它不能应用在超低空飞行的飞行器上。

自相干脉冲多普勒导航雷达在检波过程中,因为不存在相干信号,当飞机在较高的高度上飞行时,由于回波信号功率减弱,会出现接收机噪声对这种弱信号的抑制现象,使接收机输出信噪比变得比输入信噪比更小,降低了雷达的最高作用高度。

另外,随着飞行高度的增加,波束照射区域增大,结果使回波脉冲信号的持续时间扩展得很大,在接收机中可能出现前后两个周期的回波信号在时间上"重叠",产生所谓的"覆盖"噪声,使接收机的输出信噪比变坏,从而使雷达的性能随着飞行高度的增加而急剧变坏。

自相干脉冲多普勒导航雷达的另一个缺点是,它不能够测定出飞机速度的垂直分量,而且也不能够确定飞机速度的方向,因而它不适合在直升飞机上使用。

3. 相干脉冲多普勒导航雷达的收发系统

相干脉冲体制的多普勒导航雷达与自相干脉冲体制不同,它是以相干方式工作的,其多普勒频率是通过回波信号与发射基准信号进行混频而获得的。所以,它与连续波多普勒导航雷达一样,对发射信号频率稳定度的要求也很严格,因而不能采用一般的磁控管。

在相对于脉冲多普勒导航雷达中,为了提高功率利用系数,发射脉冲信号的宽度 τ 和周期 T 之比(即占空系数),通常选择在 25%～50% 的范围内。因为脉冲信号频谱包络零点的间隔与脉冲宽度 τ 成反比,选择较宽的发射脉冲宽度,它的大部分能量都集中在载频分量和与它相邻的旁频分量上,因而提高了功率利用系数。

图 1−16 所示为相干脉冲多普勒导航雷达收发系统的原理方框图。发射机的连续波振荡器是一个频率稳定度很高的主振器,它可以采用产生连续波的速调管振荡器,也可以采用高稳定度的晶体振荡器,经多次倍频而得到所需要的射频频率 f_0。连续波振荡器的输出通过定向耦合器加到由速调管或行波管组成的射频放大器中进行功率放大,同时脉冲调制器产生重复频率为 f_i 的调制脉冲也加到射频放大器中,以控制速调管的反射极或行波管的栅极电位,来实现脉冲调制。受调制的射频脉冲信号经过收发开关馈送到天线,沿着天线所形成的波束向地面辐射。

雷达接收机通常采用三个独立的通道,每一个通道接收对应一条波束的回波信号,然后将得出的多普勒信号送到各自对应的频率跟踪器中,测量出飞机的三个速度分量。在图1-16中,仅画出了一个接收通道口。

由地面反射的回波信号沿着各条波束返回到天线,经收发开关加到相应的接收通道中,各接收通道采用二次或三次变频的超外差式接收机。由图1-16可见,在平衡混频器上所加的本振信号频率为f_0-f_{i1},这是由定向耦合器从连续波振荡器耦合来的射频信号f_0,与中频振荡器产生的中频信号f_{i1}在本振调制器中进行混频,并通过微波滤波器取出的差频分量。回波信号在平衡混频器中与本振信号混频,在其输出端就得出载频信号分量f_{i1}和有用的中频多普勒信号$f_{i1}+f_d$,并经中频放大器放大后,加到载波抑制滤波器。

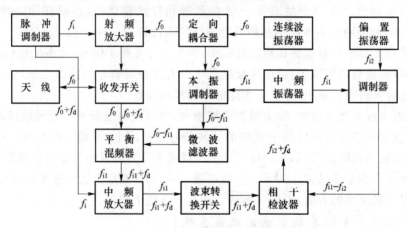

图1-16　相干脉冲多普勒导航雷达收发系统的原理方框图

为了降低最低作用高度,雷达在离地面很近的高度上工作时,允许发射脉冲和接收机的回波脉冲在时间上有一小部分的重合。这种重合会产生较大的载频信号分量,该分置可经载波抑制滤波器滤除,从而保证频率跟踪器的正常工作。

载波抑制滤波器输出的中频多普勒信号$f_{i1}+f_d$在相干检波器中,与调制器产生的频率为$f_{i1}-f_{i2}$的信号进行第二次频率变换,输出$f_{i2}+f_d$多普勒信号并加到相应的频率跟踪器。信号$f_{i1}-f_{i2}$是由中频信号f_{i1}和偏置振荡器产生的f_{i2}信号,在调制器中进行混频而得到的。信号f_{i2}的频率通常选择为几百千赫兹,这样,当飞机速度在一条波束方向上的投影为正值时,其多普勒信号的中心频率将比f_{i2}高一个f_{d0}值;而当飞机速度在该波束方向上的投影为负值时,其多普勒信号的中心频率比f_{i2}低一个f_{d0}值。因而,由频率跟踪器测得的多普勒频率数值,就可以确定出飞机速度的大小及其方向。

这类雷达在发射机工作时,接收机被周期地封闭,因而与自相干脉冲体制一样,也存在着"高度死区"和高度刻度误差。通常利用飞机上高度传感器输出的信号,来控制雷达的脉冲调制器,使脉冲重复频率f_i随着飞行高度的增加而降低,以消除"高度死区"及其影响。这样当飞机在很低的高度上飞行时,f_i 可能高到不能允许的程度。为了适应低高度,甚至在零高度上工作,通常允许在这些高度上的接收信号与发射信号在时间上有一定的重叠,并且利用载波抑制滤波器来消除载频分量的影响。采用扇形波束和波瓣转换技术,同样也能减小"高度死区"的影响。

相干脉冲多普勒导航雷达的占空系数选择为 50 % 时,其功率利用系数接近于连续波多普勒导航雷达而达到最大值。这时,如果把发射脉冲和接收脉冲的波形包络加以比较,产生一个控制信号去改变脉冲的重复频率,以保证在任何飞行高度上发射脉冲和接收脉冲的占空系数都是 50 %,则不但能消除"高度死区"及其产生的不良影响,而且还可以根据脉冲重复频率来确定飞机的飞行高度。因为这时波束方向上的斜距是与脉冲宽度成比例变化的,在占空系数确定为 50 % 的情况下,由脉冲宽度就可以确定脉冲重复频率。由于波束方向的斜距和飞行高度成线性关系,因此,脉冲重复频率与飞行高度也是成单值的比例关系。

相干脉冲多普勒导航雷达在较高的高度上工作时,其灵敏度比自相干脉冲体制高。这是因为采用相干工作方式时,在较高的高度上接收的弱信号不会被接收机的固有噪声所抑制。这样在任何高度上,只要不产生相干损耗,飞行高度每增加一倍,其信噪比将下降 6 dB。相干脉冲多普勒导航雷达的主要缺点是,收发系统比较复杂,特别是通常需要专门的微波调制器和选通器。因此,它的体积和质量比自相干脉冲多普勒导航雷达大得多,同时对器件的要求也比较高,技术也复杂。

正是由于这些原因,相干脉冲体制的多普勒导航雷达虽然可以测量飞机的三个速度分量及其方向,但是,近期各国所研制和生产的多普勒导航雷达中,很少采用这种体制。

4. 调频连续波多普勒导航雷达的收发系统

调频连续波多普勒导航雷达克服了邻近物体反射信号对直达信号的影响,消除了"高度死区",起始作用高度接近于零高度,因此,它兼有脉冲系统和简单连续波系统的优点。所以,在现代所研制和生产的多普勒导航雷达中,广泛地采用了这种体制。

图 1-17 所示是调频连续波多普勒导航雷达收发系统的方框图。e_1 是中心频率为 f_0 的调频振荡信号;f_m 是调制频率;e_2 是雷达所接收的回波信号。

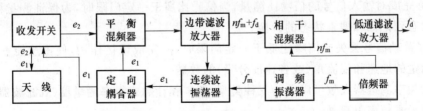

图 1-17 调频连续波多普勒导航雷达收发系统的方框图

发射机通常采用速调管作为连续波振荡器,其频率受调频振荡器输出信号的调制,产生调频连续波信号。

　　调频连续波多普勒导航雷达与简单连续波多普勒导航雷达相比,有效地减小了直达信号的干扰,从而提高了雷达的性能。

　　调频连续波多普勒导航雷达的主要缺点是功率利用系数较低,因为它只利用了回波信号频谱中的一个边频分量。有时为了提高雷达的高空工作性能,需选择较大的辐射功率,但这样会增加直达干扰信号的强度,降低接收机的灵敏度。因而,通常采用独立的发射和接收天线,以解决增大辐射功率与减少直达干扰信号之间的矛盾。

　　以上分别介绍了四种不同体制的多普勒导航雷达收发设备的工作原理及其特点。在设计多普勒导航雷达时,对工作体制的选择,通常需要考虑以下几个方面:

　　① 工作高度范围要求确保最佳的工作性能;

　　② 是否需要具有零高度的工作能力;

　　③ 是否需要测量飞机的零速度、负速度和垂直速度,以及飞行高度;

　　④ 装载雷达的飞机机动性能;

　　⑤ 对雷达的体积、质量和成本的要求等。

1.2.3　频率跟踪器

　　接收机低频放大器输出的多普勒频谱信号是一个类似于噪声的窄带随机信号,该信号的瞬时频率 $f_d(t)$ 在其平均值 f_{d0} 的附近随机变化,它的频谱形状符合高斯分布,其频谱宽度等于 Δf_d。如果直接采用该频谱信号作为飞机地速的模拟量,其测量误差将会很大,甚至高达 5 % 以上。因此,在多普勒雷达中,必须利用专门的多普勒频率测量器或多普勒频率跟踪器,来精确地测量和跟踪多普勒信号频谱的中心频率 f_{d0}。下面将 f_{d0} 称为多普勒频率。

　　多普勒频率测量器和频率跟踪器,应能完成下述各项任务:

　　① 能连续准确地测量或跟踪输入的多普勒信号频谱的中心频率 f_{d0},并能将它变换成与其相对应的单一频率信号或模拟电压。

　　② 当雷达接通电源或丢失信号时,能在一定的频率范围内进行搜索。当输入信号的信噪比高于一定的数值时,能完成对信号的截获,并转入跟踪状态。

　　③ 能够完成对输入信号的信噪比测量,当信噪比高于一定门限时,为保证测量精度,能实现由跟踪状态到记忆和搜索状态的转换。

　　④ 当多普勒信号丢失或信噪比低于一定门限时,能完成记忆作用,使雷达能够提供记忆以前瞬间测量的地速和偏流角(或各速度分量)的数据。

　　多普勒频率测量器大致可以分为三种类型,即零频计数式频率测量器、双滤波器式频率跟踪器和自相干式频率跟踪器。

　　零频计数式频率测量器的工作原理比较简单,它是通过计算多普勒频率信号在单位时间内通过零电平的次数,来实现对多普勒频率的测量。它的输出为直流模拟电压,其电压数值正比于多普勒信号频谱的平均频率。

零频计数式频率测量器的主要缺点是,测量精度受接收机内部噪声和其他干扰的影响很大。在工程实践中,为了得到满意的测量精度,输入信号应具有较大的信噪比。因而现代研制的高精度多普勒雷达,都广泛地采用了多普勒频率跟踪器。

可以精确跟踪多普勒信号频谱中心频率 f_{d0} 的多普勒频率跟踪器,实际上是一种闭合回路形式的自动调整系统,其简化原理方框如图 1-18 所示。

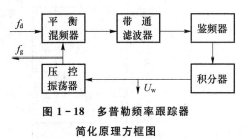

图 1-18　多普勒频率跟踪器
简化原理方框图

由接收机输出的多普勒频谱信号 f_d 与压控振荡器来的本振信号 f_g 在平衡混频器中进行混频,其输出信号送到一个频带宽度接近于多普勒信号频谱宽度的带通滤波器中,取出混频器输出的差频或和频分量。该信号通过鉴频器,得出一个直流误差电压,作为积分器的输入信号。积分器输出的直流电压 U_w 用来控制压控振荡器的振荡频率 f_g 使 f_g 等于多普勒频率加上或减去鉴频器的中心频率值。当频率跟踪器处于稳定跟踪时,积分器输出的直流电压和压控振荡器输出的频率,都与多普勒信号频谱的平均频率 f_{d0} 成线性的对应关系。因此,可以将其电压或频率作为频率跟踪的输出信号送到指示器或导航计算机等设备中去。由于频率跟踪器中带通滤波器的带宽比较窄,因而可以滤除一些噪声,从而大大提高了信噪比,这也是系统测量精度得到提高的一个原因。

经频率测量或频率跟踪后得到的多普勒中心频率经数据转换器转换成恰当的输出形式,如正交速度分量或地速与偏流角,送往导航计算机或悬停指示器等设备进行导航参数推算或直观显示直升机的三轴向地速。

1.3　多普勒导航雷达系统组成

现代多普勒导航雷达一般采用多波束、时分割、固定天线体制,它所测量出的直升机运动速度是以直升机坐标系为基准的,且随直升机的姿态变化而变化。而导航是以大地坐标为参考系,要确定的是直升机的瞬时地理位置。因此,多普勒导航雷达导航系统必须包含航向基准和垂直基准信号,以便确定直升机的方位并进行坐标变换,获得在大地坐标系中的运动速度分量,并进一步计算出直升机的已飞距离、横向偏差和当前位置等信息。

综上所述,多普勒导航雷达系统的基本结构如图 1-19 所示。

1.3.1　直升机多普勒导航雷达系统配置

直升机多普勒导航雷达系统的配置如图 1-20 所示。

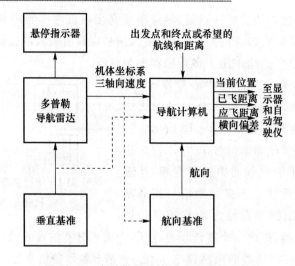

图 1－19　多普勒导航雷达系统的基本结构

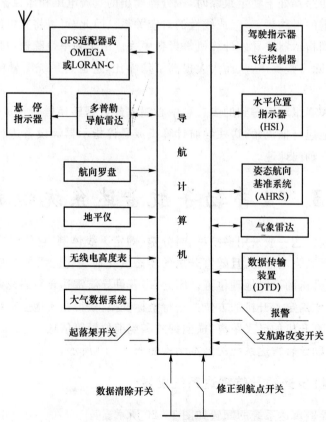

图 1－20　直升机多普勒导航雷达系统的配置

直升机多普勒导航雷达系统的组成非常灵活,各个单元具有一定的独立性,可根据需要选配。下面介绍图 1-20 中主要方框的作用。

1. 导航计算机

导航计算机是该系统的核心,它完成下列功能:

① 完成对系统的控制(如对雷达工作方式)、数据的输入及导航信息的显示。

② 完成自主式多普勒导航的各种运算,实现导航任务。

③ 以 ARINC-429、直流电压及同步信号格式,完成与其他设备之间的输入输出接口。

④ 完成对系统的机内自检。

2. 多普勒导航雷达

多普勒导航雷达是该系统中的主要设备,没有它不能构成多普勒导航系统,它的主要任务是:

① 测量并计算直升机相对于地面的运动速度:纵向、横向及垂直地速。

② 完成与导航计算机、悬停指示器之间的系统接口,多普勒导航雷达向各设备输送速度信息及状态信息。

③ 完成多普勒导航雷达本身的自检工作。

3. 悬停指示器

① 完成三个轴向速度的显示。

② 进行悬停状态显示。

4. 航姿系统

航姿系统包括航向罗盘、地平仪、姿态航向基准系统(AHRS)等,为导航计算机提供直升机的航姿信息,如航向信号、横滚信号和俯仰信号(同步信号方式)。

5. 大气数据系统(真空速转换器)

真空速转换器为导航计算机提供真空速(以直流电压方式)数值。

6. GPS 适配器

GPS 适配器接收和处理导航卫星的定位数据并实时提供给导航计算机,以便随时对导航雷达测算出的导航参数进行修正。

7. 数据传输装置(DTD)

数传装置(DTD)负责将预先存储在数据卡中的导航信息加载到导航计算机中。

1.3.2 系统定位误差

多普勒导航雷达导航系统的导航定位精度主要取决于多普勒导航雷达的总误差、导航计算机的处理误差和航姿基准系统的误差等因素。其中,多普勒导航雷达的总误差包括多普勒频谱起伏误差、波束方向性误差、频率测量误差、数据处理误差、水面探测误差和安装误差等;

导航计算机的处理误差包括坐标转换误差、计算误差、高度误差和地球表面曲率误差等；航姿系统误差包括陀螺磁罗盘的航向误差和地平仪的角度误差。

在现代多普勒导航设备的设计中，为了提高定位精度，已广泛采取了各种先进技术手段来减少设备本身误差和外界误差。例如，进行天线刻度码修正和温度补偿以减小射束方向误差，增加海洋刻度误差和海面运动修正以减小水面误差。这可采用多字长数据处理以减小计算误差，在导航计算中考虑地球表面曲率的因素，进行磁罗盘的偏差校准和修正等。对于使用者来说，为了发挥多普勒导航设备最佳的工作效能，提高导航精度，有必要对影响系统导航精度的因素有所了解，并在使用过程中的装机、校准、地面检查和操作中给予高度重视。

1.4　多普勒导航雷达系统导航的基本原理

多普勒导航雷达导航的基本原理可分为两部分：

① 利用多普勒效应，检测出直升机相对于地面的地速和偏流角，或者在机体坐标系中的三维速度分量。

② 在导航计算机中以来自航姿基准系统（AHRS）的飞行航向和姿态角数据为基础，将多普勒导航雷达产生的信息进行坐标变换，从而求出飞机在大地坐标系中的速度分量；进一步积分求解便可得出载机的已飞距离和偏航距等信息；再根据起飞地点和目的地的地理坐标进行求解便可得出飞机当前的地理坐标位置和到达目的地的应飞航向、应飞距离和应飞时间等多种导航信息。

1.4.1　多普勒导航雷达测速原理

1. 多普勒效应

多普勒导航雷达的工作原理是以多普勒效应为基础的。什么是多普勒效应？在日常生活中，人们常有这样的体验：当鸣笛的火车迎面开过来的时候，听到笛声的音调逐渐升高；在火车急弛而过并向远离人们的方向运动时，听到笛声的音调会渐渐降低。火车行驶的速度越快，人们听到的笛声音调高低变化越明显。在物理学中，我们知道，音调的高低变化由声源振动的频率所决定的。但是在上述情况下，人们所听到的音调（即频率）变化，却是由声源与听者之间的相对运动所引起的。对于这种自然现象，称为多普勒效应。下面分析一下以上物体运动之间的变化关系。

设某声源发出的声波频率为 f_0，波长为 λ，声波传播速度为 υ，三者关系为

$$f_0 = \frac{\upsilon}{\lambda}$$

如图 1-21(a)所示，设声源位于 A 点静止不动，它在发出频率为 f_0 的第一个声波以后经

过 $T_0=\dfrac{1}{f_0}$ 的时间,又发出第二个波。假设 $t=T_0$ 时,第一个声波的前沿以速度 v 传到 B 点,则这两个波前沿之间的距离 AB 就等于波长,即

$$AB=\lambda=vT_0$$

又如图 1-21(b)所示,若声源以速度 W 由 A 向 B 作匀速直线运动,当声源经 T_0 时间发出第二个声波时,声源的位置已不在 A 点,而是以速度 W 向前行到 A' 点,并且

$$AA'=WT_0=\dfrac{W}{f_0}$$

在 $t=T_0$ 时,第一个声波前沿仍以速度 v 传到 B 点,这时两波前沿之间的距离,则由原来的 AB 缩短到 $A'B$。此时 B 点接收的声波波长为 λ',即

$$\lambda'=A'B=\dfrac{v}{f_0}-\dfrac{W}{f_0}=\dfrac{v-W}{f_0}$$

由此求得 B 点接收到的声波频率为 f',即

$$f'=\dfrac{v}{\lambda'}=\dfrac{v}{v-W}f_0$$

当声源不动,而 B 点的接收装置以速度 W 向着声源作匀速直线运动时,这相当于声波的传播速度增加为 $v+W$。此时虽然声源发出的频率不变,但接收声波频率变为

$$f'=\dfrac{v+W}{v}f_0$$

综上所述,只要声源与接收装置之间存在相对运动,接收频率就不同于发射频率,即存在多普勒效应。

2. 测速原理

1938 年,证明了在电磁波频域内同样有多普勒效应,后来人们应用电磁波的多普勒效应,研制出一种能测量直升机地速的雷达,这就是多普勒导航雷达。

在图 1-21(c)中,直升机在空中飞行,机上装的多普勒导航雷达,以一束很窄的波束向前下方的地面发射频率为 f_0 的电磁波。直升机以地速 v_W 作水平飞行,因此它与地面 B 点之间以速度 v_W' 作相对运动,而 $v_W'=v_W\cos\gamma$,这样,B 点接收频率为 f',为

$$f'=\dfrac{C}{C-v_W'}f_0$$

式中,C 为电磁波传播速度。

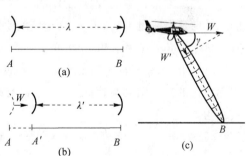

图 1-21 多普勒效应

由于地面的散射作用,区域 B 所接收的电磁波能量以频率 f' 向周围空间进行散射,其中一部分能量返回到直升机上,被雷达接收。由于此刻直升机与地区 B 之间仍然有相对运动,因此雷达接收的回波频率 f 又不同于区域 B 散射的频率 f',而 f 为

$$f=f' \cdot \frac{C+v'_{W}}{C}=\frac{C+v'_{W}}{C-v'_{W}}f_0$$

当波束指向前下方时,接收频率 $f>f_0$,当波束指向后下方时,$f<f_0$。

将相对运动所引起的接收频率与发射频率之差称为多普勒频率 f_d,则

$$f_d=f-f_0=\frac{2v'_{W}f_0}{\left[1-\frac{v'_{W}}{C}\right] \cdot C} \approx \frac{2v'_{W}}{C}f_0=\frac{2v'_{W}}{\lambda}=\frac{2v_{W}}{\lambda}\cos \gamma \qquad (v'_{W}\leqslant C)$$

式中,λ 为雷达发射电磁波波长;γ 为波束中心线与地速矢量之间的夹角。

由于 $\frac{2\cos \gamma}{\lambda}$ 是一个常数,所以多普勒频率 f_d 与地速成正比。也就是说,若测量出多普勒频率 f_d,就能测量出直升机地速。多普勒导航雷达就是以此原理为基础设计的。

1.4.2 计算导航参数的基本原理

由前述已知,导航系统的任务是计算各种导航参数。尽管导航系统配置可以多样,但基本导航参数计算原理相同。作为导航系统,要计算一系列导航参数,其当前位置为关键性的导航参数。有了该参数,就知道直升机在航行过程中所处的位置,同时已知当前位置后,才可以计算其他一些导航参数。因此下面主要介绍如何计算当前位置。

为完成当前位置的计算工作,首先要将由多普勒导航雷达测量的、在直升机机体坐标系中的三轴向速度分量 $v_{W_{xa}}$、$v_{W_{ya}}$、$v_{W_{za}}$ 转换成水平面坐标系中的速度矢量。根据航姿系统测量的直升机俯仰角 θ 和横滚角 γ,就可以完成这一转换工作。可将直升机机体坐标系,在纵轴方向上俯仰 θ 角,再在横轴方向上横滚 γ 角,便可转换成水平面坐标系。经分析、推演,可得水平面坐标系内的三个轴向地速 v_{W_x}、v_{W_y}、v_{W_z} 与机体坐标系中的三个轴向地速 $v_{W_{xa}}$、$v_{W_{ya}}$、$v_{W_{za}}$ 之间的关系为

$$v_{W_x}=v_{W_{xa}}\cos \gamma+v_{W_{ya}}\sin \theta \sin \theta-v_{W_{za}}\sin \theta \cos \gamma$$

$$v_{W_y}=v_{W_{ya}}\cos \gamma+v_{W_{za}}\sin \gamma$$

$$v_{W_z}=v_{W_{xa}}\sin \theta-v_{W_{ya}}\cos \theta \sin \gamma+v_{W_{za}}\cos \theta \cos \gamma$$

根据水平面坐标系中的纵向地速 v_{W_x}、横向地速 v_{W_y},再使用 θ_{PL}、v_W 计算式,可以计算出偏流角 θ_{PL} 及地速 v_W。

为了计算地理坐标系中的当前位置的经纬度,又必须将水平面坐标系中的地速矢量转换成在经线方向及纬线方向上的速度分量 v_{W_N}、v_{W_E},为此必须使用直升机的航向。航向有真航

向角 θ_{ZHX} 及磁航向角 θ_{CHX}，它们之间在数值上相差磁差 ΔC。

v_{W_N}、v_{W_E} 与总地速 v_W、航向 θ_{HX} 之间的关系如图 1-22 所示。

由图 1-22 可见，地速 v_W 在经线及纬线上的投影为：

东向地速 $v_{\text{W}_\text{E}} = v_\text{W} \sin\theta_{\text{HJ}}$，北向地速 $v_{\text{W}_\text{N}} = v_\text{W} \cos\theta_{\text{HJ}}$。

式中，θ_{HJ} 为相对于真北的航迹角，而

$$\theta_{\text{HJ}} = \theta_{\text{CHX}} + \Delta C + \theta_{\text{PL}}$$

有了 v_{W_E}、v_{W_N}，便可计算直升机在地理坐标系中的当前位置经纬度 λ 及 ϕ，分别为

经度　$\lambda = \lambda_0 + K_\lambda \displaystyle\int_0^T \frac{360}{2\pi(R+h)} \frac{v_{\text{W}_\text{E}}}{\cos\phi} \mathrm{d}T$

纬度　$\phi = \phi_0 + K_\phi \displaystyle\int_0^T \frac{360}{2\pi(R+h)} v_{\text{W}_\text{N}} \mathrm{d}T$

式中：λ 为当前位置经度；ϕ 为当前位置纬度；λ_0 为起点经度；ϕ_0 为起点纬度；K_λ、K_ϕ 为常数；R 为地球半径；h 为飞行高度。

有了当前位置经纬度，就可以计算其他一系列导航参数，以偏航角为例，其计算示意图如图 1-23 所示。

图 1-23 中，O 点为起点，A 点为预定目的地，B 点为直升机当前位置。由于 O、A、B 三点经纬度都是已知的，所以可以根据公式（本文略述有关公式）计算两点之间的方位角及距离。所以，在已知当前位置 B 点后，就可以计算出预定航线 OA 的航线角 θ_{CHX} 和当前航迹 OB 的航迹角 θ_{CHJ}，而偏航角 θ_{PH} 就是 θ_{CHJ} 与 θ_{CHX} 之差。

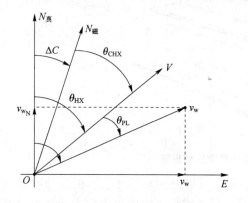

图 1-22　v_{W_N}、v_{W_E} 计算示意图

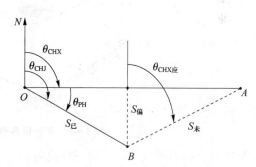

图 1-23　偏航角 θ_{PH} 计算示意图

由图 1-23 可见，已知当前位置后，可以计算偏航距 $S_{\text{偏}}$、已飞距离 $S_{\text{已}}$、未飞距离 $S_{\text{未}}$ 和应飞航向 $\theta_{\text{CHX应}}$ 等。

飞行员根据上述导航参数，引导直升机飞向预定目标。

第2章 直升机多普勒导航雷达概述

直升机多普勒导航雷达是利用多普勒效应测量直升机飞行速度的机载导航雷达,与机上航向设备、导航计算机等组成自主式航位推算多普勒导航系统。本书以英国雷卡公司81077DATH雷达为例介绍直升机多普勒导航雷达的工作原理。

2.1 多普勒导航雷达概况

2.1.1 概况

1. 一般情况

直升机多普勒导航雷达是专为直升机设计的四波束多普勒导航雷达。该雷达通常安装在直升机腹部蒙皮表面,测量直升机相对于地面运动而产生的多普勒频率,其外形如图 2-1 所示。

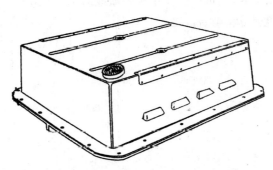

图 2-1 直升机多普勒导航雷达外形图

导航雷达的内部包含一个固态源发射机、一个接收机以及用来计算直升机三轴向速度的电路。雷达的全部功能,都在本身所带的微处理器控制下完成。它的工作方式通常由导航计算机控制。电源使用直升机上的+28 V 直流电,保险开关一般装在直升机电源配电板上,但不单独设置,与整个导航系统共用。导航雷达不具备独立的导航功能,需与系统其他设备配合使用。它的整个操作控制与信息显示都是通过与其交联的导航计算机来实现的。其主要功能由内部测试设备(BITE)连续地监测,并以内部检测数据字形式,通过 ARINC-429 接口,给导航计算机提供雷达的状态数据。

2. 主要功能

① 多普勒导航雷达在导航系统中的主要功能是测量机体坐标系的三个轴向速度,并以 ARINC‑429 数据格式输送给导航计算机,导航计算机为雷达提供工作方式控制信号。

② 多普勒导航雷达还为悬停指示器提供三个直流电压,这三个电压分别正比于机体坐标系的三个轴向速度。

3. 雷达在导航系统中与其他设备的交联关系

雷达在导航系统中,与其他设备之间的关系如图 2‑2 所示。

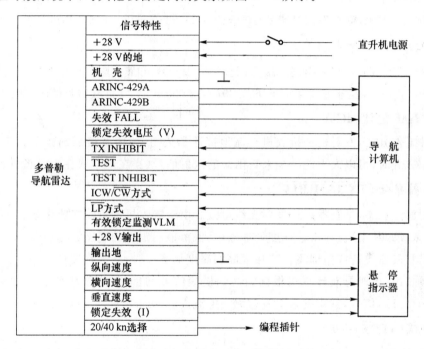

图 2‑2　多普勒导航雷达与导航计算机系统的交联关系

① 速度信号:多普勒导航雷达以 ARINC‑429 数据格式输出三轴向速度给导航计算机,同时以直流电压形式输出三轴向地速给悬停指示器。

② 控制信号:由导航计算机向多普勒导航雷达提供工作方式控制信号,即间断连续波/连续波(ICW/$\overline{\text{CW}}$)、低功率($\overline{\text{LP}}$)、发射禁止($\overline{\text{TX INHIBIT}}$)、测试($\overline{\text{TEST}}$)和测试禁止(TEST INHIBIT)信号等。

③ 状态信号:多普勒导航雷达还提供三个离散状态信号:一个是"多普勒好"($\overline{\text{FALL}}$)离散信号,当其逻辑值为"1"时,表示内部测试设备没有检测到故障。另两个是"锁定/故障"离散信号$\overline{\text{LOCKFALL}}$(V)/(I),当其逻辑值为"1"时,表示在四束波束中,都有合适的信号被跟踪,而且内部检测电路没有检测到故障。其中,$\overline{\text{FALL}}$ 及 $\overline{\text{LOCKFALL}}$(V)送往导航计算机,

$\overline{\text{LOCKFALL(I)}}$送往悬停指示器。

2.1.2　多普勒导航雷达工作方式

多普勒导航雷达具有四束波束,波束配置如图 2-3 所示。这四束波束轮流地工作,每束波束以持续工作时间为 25.5 ms、间隔为 76.5 ms 发射一次。此外,雷达的收发工作情况,还受下列各种工作方式制约。

1.连续工作方式($\overline{\textbf{CW}}$)

在这种工作方式,额定发射功率为 200 mW(最大 350 mW),此时,高度及精度性能最好。

2.低功率工作方式($\overline{\textbf{LP}}$)

在这种工作方式,额定输出功率级可减少 20～35 dB,可最大限度地消除收发之间的耦合。这种低功率方式,只有在陆上高度小于(609.607 m)2 000 ft 时,才能获得足够的接收信号。

3.中断连续波(ICW)

在这种工作方式,发射机和接收机轮流地接通和关闭,关闭及接通的频率为 15 kHz。使用这种工作方式时,可以大大地减少来自雨滴的散射信号(当在雨中或在雨上飞行时)。

4.发射禁止($\overline{\textbf{TX INHIBIT}}$)

在发射禁止状态,禁止发射机发射无线电波。由于接收机不可能接收多普勒信号,雷达将连续指示"未锁定状态"。在雷达速度处理器中,保留最后跟踪的速度数据。

当直升机转弯飞行或俯仰飞行或在太高的高度上飞行时,会出现波束太长,甚至在水平面以上发射的情况,此时导航计算机根据当时的横滚信号、俯仰信号及高度信号,产生"发射禁止"($\overline{\text{TXINHIBIT}}$)信号,禁止发射机发射无线电波。

5.测试($\overline{\textbf{TEST}}$)方式

导航雷达还有一个中断的内部测试方式,该功能由导航计算机启动。在此方式中,测试次序由雷达内部的微机控制,此时发射及接收全部被禁止,以免外部信号影响测试过程;内部测试设备将一个已知的频率信号输入接收机,并按正常方法处理,产生一个既定的已知速度,以 ARINC-429 方式,送给导航计算机。

若内部测试设备没有检测到故障,并在四束波束中都有合适的信号被跟踪,则从 ARINC-429 数据接口输出被跟踪的速度数据(包含一个指示它们是测试速度的状态位)。此时"FALL"及"LOCKFALL"离散信号为高电平;否则为低电平,指示雷达在工作不正常的同时还以 ARINC-429 数据格式,输出一个表示有关故障的诊断码。

当开关刚接通或长时间未锁定时,即使没有外部选择测试方式,也会出现一个类似的中断测试,这是由内部引起的中断测试。当中断测试由内部启动时,雷达无测试数据输出。

在发射禁止状态,不会进入自测试方式。

2.1.3　多普勒导航雷达的技术参数

多普勒导航雷达技术参数如下:

① 发射频率为 13.325 GHz±5 MHz,本振频率为 13.314 3 GHz,中频频率为 10.7 MHz。

② 发射功率 在 $\overline{CW}$ 及 ICW 方式时,发射功率平均 140 mW,最大可达 350 mW;在 $\overline{LP}$ 方式时,发射功率级比额定功率级少 20~35 dB。

③ 在 ICW 方式时,调制频率为 15 kHz。

④ 波束配置:A——前向右,B——前向左,C——后向左,D——后向右。

波束配置如图 2-3 所示。

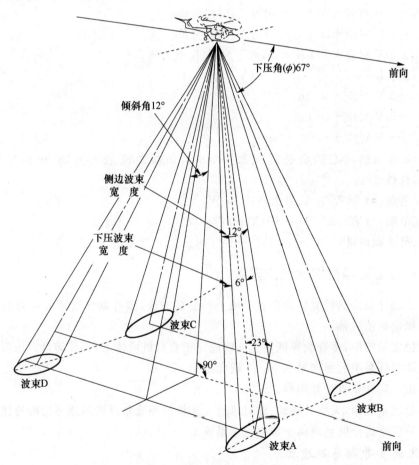

图 2-3　多普勒导航雷达波束配置图

波束指向角:波束中心线与垂直线间的夹角为 23°,波束侧边倾斜角为 12°。

波束宽度:前后向波束宽度为 6°,横向波束宽度为 12°。

⑤ 开关次序:A、B、C、D 四束波束,每波束发射时间为 25.5 ms,间隔时间为 76.5 ms。

⑥ 数据传输格式:ARINC - 429。

⑦ 自检输出速度:信号采样为 64 次,在采样周期结束后三轴向速度应符合:

$$V_x:(259.28\pm18.25)\text{km/h} \qquad (140\pm10)\text{kts}$$
$$V_y:(62.968\pm12.96)\text{km/h} \qquad (34\pm7)\text{kts}$$
$$V_z:(0\pm5.556)\text{km/h} \qquad (0\pm3)\text{kts}$$

⑧ 速度直流电压范围:

当光速度为 20 kn(节)时:

纵向时,±5 V 对应±20 kn,前向为正,后向为负。

横向时,±5 V 对应±20 kn,右向为正,左向为负。

垂直时,±5 V 对应±500 ft/min,向下为正,向上为负。

当光速度为 40 kn 时:

纵向时,±5 V 对应±40 kn。

横向时,±5 V 对应±40 kn。

垂直时,±5 V 对应±1 000 ft/min。

三个直流电压输出端的负载阻抗都为 50 Ω,负载电流最大为 20 mA,精度±10%(±0.5 kn),线性 2%。

⑨ 工作电源:+28 V/3 A;最大功耗 90 W。

⑩ 温度范围:工作-45 ℃～+70 ℃;储存-54 ℃～+85 ℃。

⑪ 最大尺寸和重量:438 mm×405 mm×118 mm;重量不大于 12.8 kg。

2.1.4　多普勒导航雷达波束配置

根据多普勒导航雷达的类型及在直升机上的安装方法,多普勒导航系统可分为数据稳定系统及天线稳定系统二种。

在数据稳定系统中,多普勒导航雷达天线固定于直升机机体上,不能转动。该雷达只能测量直升机机体坐标系中的纵向地速 $v_{w_{xa}}$、横向地速 $v_{w_{ya}}$ 和垂直地速 $v_{w_{za}}$,而总地速及偏流角等导航参数由导航计算机计算而得。

在天线稳定系统中,天线可转动,此时可直接测量出偏流角及沿航迹方向的地速。

多普勒导航雷达导航系统属于数据稳定系统。

1. 单波束多普勒导航雷达

先讨论最简单的组成形式——单波束多普勒导航雷达。单波束多普勒导航雷达的组成框图如图 2 - 4 所示。

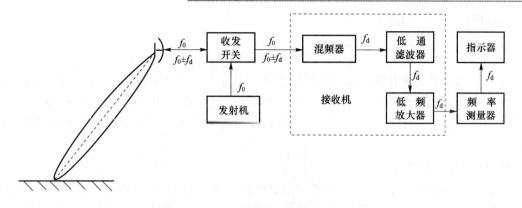

图 2-4 单波束多普勒雷达原理方块图

发射机通过收发开关发射频率为 f_0 的连续波信号,它沿着波束方向向地面辐射。由于大地粗糙表面造成的散射作用,其中一部分电磁波的能量沿着波束方向返回直升机上,被雷达接收。由于直升机与地面间的相对运动,使回波信号中包含了多普勒频率 f_d,因此回波信号频率为 $f_0 \pm f_d$。回波信号通过收发开关进入混频器,与基准频率 f_0 混频,取出多普勒频率 f_d,它经过滤波放大后送到频率测量电路。频率测量电路测量出 f_d 的数值,送到指示器指示。

实际上,多普勒频率 f_d,不仅是地速的函数,而且还是偏流角的函数,其关系如图 2-5 所示。

可以证明多普数频率为

$$f_d = \frac{2v_W}{\lambda} \cos \theta_{PL} \cdot \cos \gamma_0$$

式中,θ_{PL} 为偏流角,γ_0 为波束中心线与地速矢量间的夹角。

在单波束多普勒导航雷达中,只要使天线波束绕着垂直轴转动,就可以同时测出直升机的地速及偏流角,从而计算出直升机的纵向、横向地速,上述情况如图 2-6 所示。

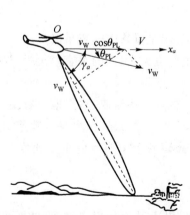

图 2-5 有偏流角时地速与其投影分量的关系图

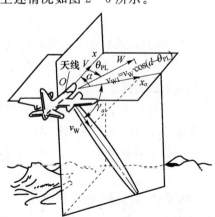

图 2-6 测 θ_{PL} 时的波束转动图

可以证明,此时的多普勒频率为

$$f_d = \frac{2v_W}{\lambda}\cos(\alpha - \theta_{PL})\cos\gamma_0$$

式中,α 是波束绕垂直轴在水平面内转过的一个角度。由上式可见,当 α 变化时,f_d 也随之变化;当 $\alpha = \theta_{PL}$ 时,f_d 最大。若频率测量器测得这个最大值,则此时的 α 角即为偏流角 θ_{PL}。

在实际多普勒导航雷达中,几乎不采用单波束多普勒雷达,因它测出的地速及偏流角误差太大。

(1) 偏流角测量误差

在单波束多普勒导航雷达中,要精确测出偏流角,就要在改变 α 的同时,精确地确定最大多普勒频率 $f_{d,max}$。因为多普勒频率 f_d 是角($\alpha - \theta_{PL}$)的余弦函数,当 α 接近 θ_{PL} 时,f_d 的变化不明显,甚至在 $\varepsilon = \pm(\alpha - \theta_{PL})$ 角区间(ε 近于零),f_d 基本不变。所以,在测偏流角时存在一个 2ε 的不灵敏区。

设 K_P 为测量多普勒频率的相对误差,则 $K_P = \Delta f_d / f_{d,max}$。

式中,Δf_d 是多普勒频率误差,$f_{d,max}$ 是最大多普勒频率。因此,测量偏流角的不灵敏区为

$$2\varepsilon = 2\sqrt{2K_P}$$

若 $K_P = 0.2\%$,则 $2\varepsilon = 7.2°$,由此可见,单波束多普勒导航雷达测量的偏流角误差是相当大的。

(2) 地速测量误差

通常为了确定直升机的当前位置,需要把天线坐标系统中的直升机地速转换为地面坐标系的相应速度,这一般是使用直升机的垂直陀螺输出的姿态角来完成的。可以证明,在单波束雷达中,地速相对误差可表达为

$$\frac{|\Delta v_W|}{v_W'} = \tan\gamma_0 \cdot \Delta\gamma$$

式中,γ_0 为波束指向线与水平地速指向线之间的夹角,$\Delta\gamma$ 是垂直陀螺测角误差。

在 $\gamma_0 = 70°$,$\Delta\gamma = 1°$ 时地速相对误差为 4.8%。由此可见,引入的垂直基准误差即使很小,也会引起很大的地速误差。

当直升机存在垂直速度时,测量的多普勒频率显然与水平地速、垂直地速有关,其数值为 $f_d' = f_d - \Delta f_d$,其中 f_d 是与水平地速相对应的多普勒频率,而 Δf_d 是由垂直地速引入的多普勒频率在单波束多普勒导航雷达中,很难从总的多普勒频率中消除由垂直速度分量引入的误差。

2. 双波束多普勒导航雷达

双波束多普勒导航雷达中,天线形成两束窄波束,以入射角 γ_0 射向地面,根据波束的空间位置可分双向及单向多普勒导航雷达。

（1）双向多普勒导航雷达

双向多普勒导航雷达波束配置如图 2-7 所示。其两束波束是对称配置的，波束 1 指向直升机前下方，波束 2 指向直升机后下方，它们都处于同一铅垂平面内。

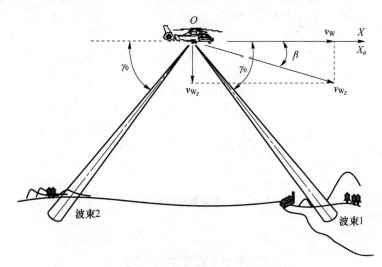

图 2-7　双向波束配置图

这两束波束分别可测得的多普勒频率为

$$f_{d1} = \frac{2v_W}{\lambda}\cos\gamma_0 + \frac{2v_{W_z}}{\lambda}\sin\gamma_0, \quad f_{d2} = -\frac{2v_W}{\lambda}\cos\gamma_0 + \frac{2v_{W_z}}{\lambda}\sin\gamma_0$$

式中，v_{W_z} 为垂直地面速度。若将 f_{d1} 与 f_{d2} 相减，则

$$f_d = f_{d1} - f_{d2} = \frac{4v_W}{\lambda}\cos\gamma_0$$

可见，只要两束波束对称配置，采用双向两波束多普勒导航雷达，可以克服单波束雷达的缺点，消除垂直地速对水平地速测量的影响。

还可以证明，在双向多普勒导航雷达中，当给定垂直基准不准时，所引起的地速测量误差较小。双向多普勒导航雷达测量偏流角的方法与单波束多普勒导航雷达相同，其偏流角测量误差也较大。

（2）单向两波束多普勒导航雷达

单向两波束多普勒导航雷达天线配置如图 2-8 所示。

波束中心线与垂直线之间的夹角为 φ_0，波束中心线与天线纵轴 x_a 在水平面上的投影线之间的夹角为 α_0，则两束波束的多普勒频率为

$$f_{d1} = \frac{2v_W}{\lambda}\cos(\alpha_0 + \theta_{PL})\sin\varphi_0, \quad f_{d2} = \frac{2v_W}{\lambda}\cos(\alpha_0 - \theta_{PL})\sin\varphi_0$$

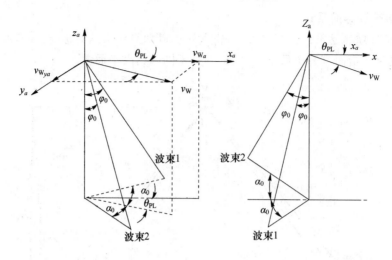

图 2-8 单向两波束配置图

可以证明：

$$\theta_{PL} = \arctan\left(\frac{f_{d2}-f_{d1}}{f_{d2}+f_{d1}}\right)\cot\varphi_0$$

这种情况通常在数据稳定系统中应用，因此，不存在单波束多普勒导航雷达由于要转动波束而带来的测量偏流角时的误差问题。

3. 三波束多普勒导航雷达

由上分析可见，双向两波束多普勒导航雷达具有很高的地速测量精度，而单向两波束多普勒导航雷达具有很高的偏流角测量精度。为了同时获得地速和偏流角的测量精度，多普勒导航雷达应当具有三波束配置。

三波束配置可以有 X 型及 Y 型，其配置图如图 2-9 所示。下面仅以 Y 型为例。

三波束多普勒导航雷达都采用数据稳定系统，每个波束测得的多普勒频率为

$$f_{d1} = \frac{2v_{W_{xa}}}{\lambda}\sin\varphi_0\cos\alpha_0 - \frac{2v_{W_{ya}}}{\lambda}\sin\varphi_0\sin\alpha_0 - \frac{2v_{W_{za}}}{\lambda}\cos\varphi_0$$

$$f_{d3} = \frac{-2v_{W_{xa}}}{\lambda}\sin\varphi_0\cos\alpha_0 + \frac{2v_{W_{ya}}}{\lambda}\sin\varphi_0\sin\alpha_0 - \frac{2v_{W_{za}}}{\lambda}\cos\varphi_0$$

$$f_{d4} = \frac{-2v_{W_{xa}}}{\lambda}\sin\varphi_0\cos\alpha_0 - \frac{2v_{W_{ya}}}{\lambda}\sin\varphi_0\sin\alpha_0 - \frac{2v_{W_{za}}}{\lambda}\cos\varphi_0$$

解上述方程组可得：$v_{W_{xa}} = (f_{d1}-f_{d4})\dfrac{\lambda}{4\sin\varphi_0\cos\alpha_0}$

$$v_{W_{ya}} = (f_{d3}-f_{d4})\frac{\lambda}{4\sin\varphi_0\sin\alpha_0}, \quad v_{W_{za}} = -(f_{d1}+f_{d3})\frac{\lambda}{4\cos\varphi_0}$$

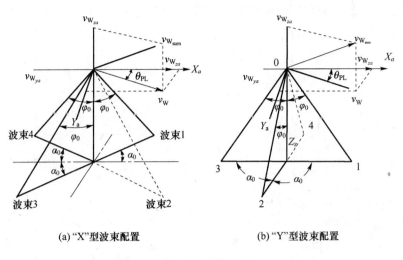

(a) "X"型波束配置　　　　　　　　(b) "Y"型波束配置

图 2 - 9　三波束多普勒导航雷达

由此可见,在三波束多普勒导航雷达中,各个速度分量均是由二个不同波束测得的频率并考虑其符号求解代数和而得出的。当速度分量方向与波束指向相同时,测得的多普勒频率为正,表示接收频率高于发射频率;反之为负,表示接收频率低于发射频率。

纵向地速 $v_{W_{xa}}$ 由波束 1 及波束 4 分别测得的多普勒频率 f_{d1}、f_{d4} 确定,它类似于双向两波束测地速的方法。所以,受垂直基准影响误差很小,并能得到很高的测量精度。横向地速分量 $v_{W_{ya}}$ 由波束 3 及波束 4 分别测得的多普勒频率 f_{d3} 及 f_{d4} 确定的,它类似于单向两波束测偏流角的方法,所以,也具有很高的测量精度。因此,三波束多普勒导航雷达具有单向和双向两波束多普勒雷达的优点,同时还可以测量垂直地速分量。

4. 四波束多普勒导航雷达

从三波束多普勒导航雷达引入第四个波束,即得四波束(波束配置图见图 2 - 10)。原则上这种波束配置不会在测量的数据中增加什么新的信息,可以将第四个波束做备用波束,当正在使用的三个波束若有一个波束信号无效,便可启用备用波束;或者可以根据下式计算偏流及地速,即

$$\theta_{PL} = \arctan\left[\frac{f_{d(1-3)} - f_{d(2-4)}}{f_{d(1-3)} + f_{d(2-4)}} \cot\alpha_0\right], \quad v_W = \frac{\lambda\left[f_{d(1-3)} + f_{d(2-4)}\right]}{8\sin\varphi_0\cos\alpha_0\cos\theta_{PL}}$$

式中, $f_{d(1-3)} = f_{d1} - f_{d3}$, $f_{d(2-4)} = f_{d2} - f_{d4}$。

2.1.5　多普勒频谱特性

前面讲解多普勒频率时,认为波束是无限窄的一条线。电磁波能量仅沿着与地速方向成 γ_0 角的波束中心线进行传播,因此测得的多普勒频率是单一的频率值;但实际上波束总是具有一定的宽度,因而波束照到地面上形成一个面积与波束宽度有关的照射区域,如图 2 - 11(a)所示。

在波束照射区内,存在许多个散射单元,其散射单元 $1,2,\cdots,i$ 与地速方向的夹角分别为 $\gamma_1,\gamma_2,\cdots,\gamma_i$,波束从各散射单元测得的频率是不相等的,并分别为

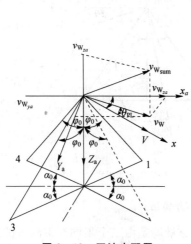

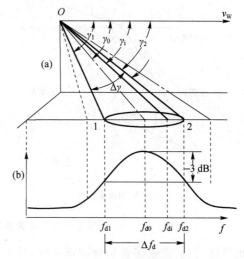

图 2-10　四波束配置　　　　　图 2-11　多普勒信号频谱

$$f_{d1}=\frac{2v_W}{\lambda}\cos\gamma_1,\quad f_{d2}=\frac{2v_W}{\lambda}\cos\gamma_0,\cdots,f_{di}=\frac{2v_W}{\lambda}\cos\gamma_i$$

波束中心线与地速方向夹角为 γ_0,散射单元位于波束中心线上时,所测得的多普勒频率为 f_{d0},即

$$f_{d0}=\frac{2v_W}{\lambda}\cos\gamma_0$$

因此,在整个波束宽度内,测得多普勒频率分量有许多个,总的多普勒频率 f_d 为

$$f_d=\sum\frac{2v_W}{\lambda}\cos\gamma_i(i=0,1,\cdots,i)$$

由于散射单元的散射特性具有随机性,故各散射单元所反射的信号振幅及相位具有随机分布的特点。由于直升机的运动,散射单元 i 与地速之间的夹角 γ_i 也随时发生变化,因此由散射单元 i 所测得的多普勒频率分量 f_{di} 也是时间的函数。又由于在波束宽度内各点的天线增益不同,在直升机运动时,散射单元 i 反射信号的幅度同样也是随时间变化的,并且散射单元 i 位于波束中心线时,具有最大值。

这样,由于在波束照射区域内存在着无限多个散射单元,各散射单元所反射的信号幅度、相位、频率都具有随机性。所有这些散射单元的反射信号几乎都同时到达雷达接收天线,被雷达接收机接收,因而在波束宽度内所测得的多普勒信号是由许多个幅度、频率、相位都是随机变化的多普勒频率分量所组成,可见,多普勒信号是一个类似于噪声的窄带信号。雷达对接收

的回波信号进行积累,最后得到一个经过一定时间平滑的多普勒频率信号,该信号的频谱如图 2-11(b)所示。其频谱包络,基本上取决于天线方向图的平方值。当反射面为陆地时,多普勒信号的频谱包络类似于钟形,各频率分量以 f_{d0} 为中心对称分布。

多普勒信号频谱的半功率点电平所对应的频带宽度 Δf_d,这称为多普勒信号的频谱宽度。可以证明 Δf_d 可由下式计算得出

$$\Delta f_d = f_{d0} \tan \gamma_0 \cdot \Delta \gamma$$

式中,f_{d0} 为多普勒频谱中心频率,γ_0 为波束中心线与地速方向线之间的夹角,$\Delta \gamma$ 为波束的纵向宽度。

多普勒信号频谱的相对宽度为

$$\Delta f_d / f_{d0} = \tan \gamma_0 \cdot \Delta \gamma$$

所以,在雷达参数设定后,多普勒信号频谱的相对宽度是一个常数,它仅与 $\tan \gamma_0 \cdot \Delta \gamma$ 有关,通常为 $10\% \sim 20\%$。

由于多普勒频率信号是一个类似于噪声的窄带信号,在时域中很难将该信号与接收机的噪声区分开。但在频域上,接收机噪声的频谱是均匀分布的,具有一定频带宽度的多普勒信号频谱是叠加在平坦的接收机噪声背景上,因此采用一个滤波器就可以将多普勒频率信号取出,滤除滤波器通带以外的接收机噪声,提高了信杂比。将取出的多普勒信号送到雷达的多普勒频率跟踪器,即可测量多普勒频谱信号的平均频率(或中心频率值)。

2.1.6　海面偏移误差的产生

上面讲到,多普勒频谱的包络基本上类似于钟形,这是在陆地上空飞行时的情况。当多普勒导航雷达工作于海面上空时,多普勒频谱中心频率 f_{d0} 就会产生偏移,从而给地速测量带来误差。产生上述情况的主要原因是反射面散射系数变化所引起的。

图 2-12 给出了几种地貌的散射系数 σ_0 和入射角 φ 之间的关系曲线。图 2-13 给出了 3 cm 波段时陆地和几种海面的散射系数和入射角 φ 之间的关系曲线。入射角 φ 为波束与大地表面垂线之间的夹角。

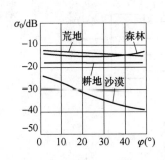

图 2-12　几种与地貌的 φ 与 σ_0 关系图

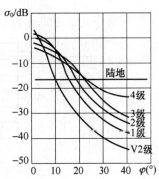

图 2-13　陆地和几种海面的 σ_0 与 φ 的关系

由图 2-12 和图 2-13 可知,陆地散射系数 σ_0 基本上与入射角 φ 无关,但由图 2-13 可知,海面的散射系数 σ_0 随入射角 φ 的增加而减少。

当雷达波束照射到海洋表面上时,在波束照射区域内,各散射单元与地速方向之间的夹角 γ_i 是不同的,因而雷达到各散射单元的入射角 φ_i 也是不同的。γ_i 越大,φ_i 越小。

根据图 2-13 可知,γ_i 越小,散射系数 σ_0 增加,因此雷达接收信号的振幅增加,在 $\gamma_i < \gamma_0$ 时,$\varphi_i > \varphi_0$,其散射系数减小,使雷达接收的信号幅度减小。因此在这种情况下,波束测得的多普勒频谱信号包络发生畸变,其最大值向低频方向偏移,频谱产生了非对称分布,图 2-14 给出了雷达在海面上空工作时,多普勒频谱发生畸变的情况。为了便于比较,图中同时给出了雷达在陆地上空工作,波束测得的对称分布的多普勒信号频谱。

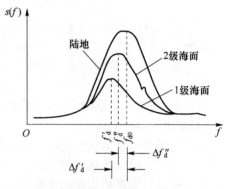

图 2-14　海面上空时,多普勒信号频谱的畸变

由图 2-14 可见,当雷达在一级海面上空工作时,频率跟踪器测得多普勒频率的频谱中心频率为 f_d',它比较陆地上空时测得的 f_{d0} 值出现了偏差 $\Delta f_d'$。因此,在海面上空工作时,若不采取补偿措施,测量结果就会出现误差,这种误差称为海面偏移误差。海面偏移误差的大小取决于海面状况、波束位置角 γ_0 和波束纵向宽度 $\Delta\gamma$,并且在比较平坦的海面状况下达到最大。

在图 2-14 中,1 级海面的偏移误差 $\Delta f_d'$ 大于 2 级海面的偏移误差 $\Delta f_d''$。

对于多普勒导航雷达,当在海面上空飞行时,对测量的地速应引入一个固定修正量,以减少海面偏移误差,这种修正称为海面修正。

2.1.7　多普勒导航雷达的基本方块图

四波束多普勒导航雷达的基本方块图如图 2-15 所示。

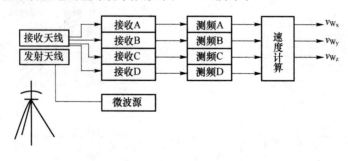

图 2-15　四波束多普勒导航雷达原理方块图

微波源通过发射天线向地面发射四束波束,并由接收机处理每束波束的回波信号。

原则上,一束波束应有一个接收通道,四束波束应有四个接收通道,每个通道中的接收装置,测得每束波束的多普勒频谱的中心频率 f_{d1}、f_{d2}、f_{d3}、f_{d4}。最后由计算机计算出直升机的纵向地速 $v_{w_{xz}}$、横向地速 $v_{w_{yz}}$ 和垂直地速 $v_{w_{zz}}$。

2.1.8　模块结构及功能

多普勒导航雷达是模块化结构,由七个模块组成。这些模块分别为:

① 底板组件　用来安装天线及其他模块。

② 本机振荡器组件　产生本机振荡信号。

③ PIN 驱动组件　收发控制及内部测试。

④ 微波产生组件　产生微波。

⑤ 速度处理器组件　包括微处理器及其接口,完成定时控制、频率跟踪、自动增益控制、信杂比检测、速度解算和数据输出。

⑥ 电源组件　供给电源电压。

⑦ 模拟组件　完成自动频率微调、接收发射信号、载波变换及内部测试。

2.2　多普勒导航雷达电路总方块图

多普勒导航雷达总方块图如图 2 - 16 所示。

由图 2 - 16 可见,整个多普勒导航雷达可分为二大部分,即雷达电路及微机。下面首先从总体上,介绍多普勒导航雷达的最基本的工作原理。

2.2.1　方块图组成与各部分功能

1. 微波发生器及发射 PIN 二极管开关——波束发射

微波发生器产生频率为 13.325 GHz±5 MHz 的微波信号(J 波段)。

在 PIN 开关驱动器控制下,"发射波束 PIN 二极管开关"使微波发生器产生的微波信号,按一定的发射次序,轮流地加到发送天线,即发射 A、B、C、D 四束波束。而"发射方式 PIN 二极管开关"使天线按预定发送方式发送电波。

当来自雷达微机的"发射禁止"($\overline{\text{TX INHIBIT}}$)信号有效时,"微波发生器"停止产生微波信号,从而停止发射微波波束。

2. 接收 PIN 二极管开关

在 PIN 开关驱动器控制下,"接收波束 PIN 二极管开关"使由接收天线接收的四个波束的多普勒回波信号,依次加到信号混频器输入端。"接收波束 PIN 二极管开关"的工作次序与"发射波束二极管 PIN 开关"的工作次序相同;在 PIN 开关驱动器控制下,"接收方式 PIN 二极管开关"使接收天线按预定方式接收信号。

直升机多普勒导航雷达原理

38

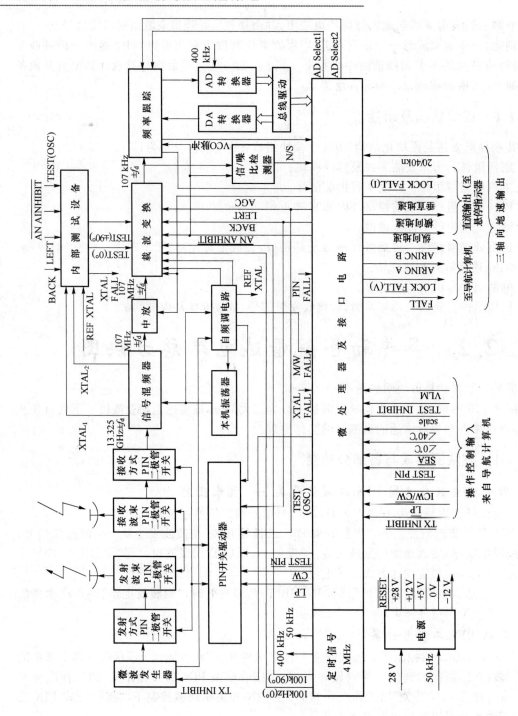

图 2 - 16 雷达简化方框图

3．PIN 开关驱动器

PIN 开关驱动器有以下三个任务：

① 对来自雷达微机的波束转换控制信号"BACK"、"LEFT"进行译码，然后驱动接收或发射波束 PIN 二极管开关，决定波束开关次序。

② 对来自雷达微机的方式控制信号"$\overline{\text{TEST(PIN)}}$"、"$\overline{\text{LP}}$"、"$\overline{\text{CW}}$"进行译码，然后经驱动后，控制接收或发射的方式 PIN 二极管开关，使之按预定方式工作。

③ 检查 PIN 二极管开关的工作状态，若发现故障，则输出 PIN FALL 故障信号。

4．信号混频器及自频调系统

进入接收机的多普勒频谱信号，要经过两次频率变换，而信号混频是第一次频率变换。信号混频器的作用是：将来自 PIN 二极管开关的多普勒频谱信号（频谱中心频率为 13.325 GHz$\pm f_\text{d}$）与来自本机振荡器的本振信号（频率为 13.3143 GHz）进行混频处理，产生中心频率为 10.7 MHz$\pm f_\text{d}$ 的中频多普勒频谱信号。

自动频率微调电路（简称自频调电路 AFC）的作用是使本机振荡器的输出信号频率始终维持在较发射信号频率低 10.7 MHz 的频率上。

信号混频器可产生表示信号混频晶体故障的两个信号：XTAL$_1$、XTAL$_2$。自频调电路可产生表示自频调晶体故障的一个信号：REF XTAL。XTAL$_1$、XTAL$_2$ 和 RFF XTAL 这三个故障信号，加到内部检测电路上（BITE），若其中之一有效（即信号混频晶体之一或自频调晶体发生故障），则 BITE 电路产生晶体故障信号"XTAL FALL"。

5．中频放大器

中频放大器用来放大由信号混频器输出的中频多普勒频谱信号，并在自动增益控制电压的控制下，输出振幅基本恒定的中频信号。

6．载波变换电路

载波变换电路将中放输出的中心频率为 10.7 MHz$\pm f_\text{d}$ 的中频多普勒频谱信号，转换为中心频率为 100 kHz$\pm f_\text{d}$ 的多普勒频谱信号。这是第二次频率变换，其目的是消除收发之间的剩余耦合。

发射天线与接收天线之间虽有一块金属板隔离，但仍然存在一定的耦合，这个耦合称为收发天线间的剩余耦合，即接收天线可以接收到发射天线发射的一部分能量，其频率当然等于当时发射信号的频率。该耦合信号进入信号混频器后，在当时本振信号频率的作用下，产生 10.7 MHz 中频信号；若发射频率不稳定，则相对于接收回波时的中频来说产生 10.7 MHz$\pm \Delta f$ 的中频信号频率，其中 Δf 相当接近于零的假多普勒频率（真正的多普勒频率为回波信号与接收回波时的本振信号混频产生），上述情况如图 2-17 所示。

若不采取措施，就相当于送给频率跟踪器两个信号，一个是含真正多普勒频率的回波信

直升机多普勒导航雷达原理

40

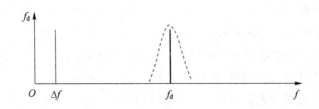

图 2-17　剩余耦合产生的频率分量

号,另一个是含近于零的假多普勒频率的剩余耦合信号。一旦频率跟踪器跟踪剩余耦合信号,则会输出错误速度数据,所以消除收发天线间剩余耦合是必须的。

在消除收发剩余耦合时,为使多普勒频率保留原有数据及符号,在解调载波频率时采用正交基准信号,并分两路处理,然后再调制到更低中频频率 100 kHz 上。中频 100 kHz 也是正交信号,来自定时电路。

载波变换电路输出中心频率为 100 kHz$\pm f_d$ 的多普勒频谱信号。

载波变换电路除进行上述频率变换外,还加有下列信号:

① 来自定时电路的 TEST(0°) 及 TEST($\pm$90°) 的测试基准信号,其频率为已知固定值,在测试方式,用此信号来检查雷达电路的工作状态是否正常。

② 来自雷达微机的波束转换控制信号"LEFT"和"BALK",用来控制对来自不同波束的多普勒信号进行载波变换。

③ 来自雷达微机的模拟禁止($\overline{\text{AN INHIBIT}}$)信号有效时,禁止载波变换电路对载波进行变换。

④ 来自雷达微机的 AGC 电压,载波变换电路在自动增益控制电压(AGC)的控制下,使输出的 100 kHz$\pm f_d$ 信号的振幅基本恒定。

7. 频率跟踪器

由上可知,多普勒信号基本上是一个钟形频谱信号,该频谱信号的中心频率正比于直升机地速分量,需要的是多普勒频谱的中心频率。频率跟踪器就是提取并跟踪该多普勒频谱中心频率的电路。

频率跟踪器中有一个电压控制振荡器(简称 VCO)电路,它使 VCO 频率与多普勒频谱中心频率一致,则 VCO 频率就是单一的多普勒频率。

若频率跟踪器发现 VCO 频率与多普勒频谱的中心频率不等,则产生一个表示频率误差的电压信号。该频率误差信号经 AD 变换后由雷达微机处理,处理后的信号通过 DA 变换后,产生一个 VCO 直流控制信号,并控制 VCO 频率向着多普勒频谱中心频率的方向变化,直到相等,此时则称频率跟踪器处于跟踪状态。跟踪状态下 VCO 频率等于多普勒频谱的中心频率。

VCO 脉冲加到雷达微机,在跟踪期间,雷达微机记忆各波束的 VCO 脉冲频率,并使用它

们计算直升机的三个轴向地速。

"摸拟禁止"信号有效时,禁止频率跟踪器工作。

8. 信杂比检测电路

信杂比检测电路检测中心频率为 $100\ \text{kHz} \pm f_\text{d}$ 的频谱信号的总功率,确定信杂比大小。若信杂比正常,则通知雷达微机信杂比好,可以进行正常的频率跟踪。若信杂比不好,信杂比检测电路将处于非锁定状态,并通知雷达微机,不能进行正常的频率跟踪,于是频率跟踪器将处于搜索状态,搜索具有良好信杂比的多普勒频谱信号。

在波束转换期间,来自雷达微机的"模拟禁止"信号,强迫信杂比检测电路处于非锁定状态。

9. 自动增益控制电路

进入频率跟踪器的多普勒频谱信号,经雷达微机处理后,产生一个自动增益控制电压(AGC 电压)加到中放及载波频率变换电路上,控制它们的增益,使其输出信号振幅基本桓定。

10. 雷达微机

雷达微机控制雷达的全部工作,并计算出直升机的三轴向地速。其功能大致有如下几个方面:

1) 根据来自频率跟踪器跟踪的各个波束的多普勒频率,计算出直升机的纵向地速、横向地速和垂直地速并按不同方式给导航计算机及悬停指示器输送这些速度分量。

2) 产生各种控制信号,以控制雷达电路的工作:

① 控制波束转换信号,即 LEFT、BACK。

② 控制工作方式的信号 $\overline{\text{LP}}$、$\overline{\text{CW}}$、$\overline{\text{TEST(PIN)}}$。

③ 控制发射机及接收机是否工作的信号:"发射禁止"(TX INHIBIT)及"模拟禁止"($\overline{\text{AN INHIBIT}}$),前者使发射机停止工作,后者使频率跟踪器及载波变换电路停止工作。

④ 产生对多普勒导航雷达的测试控制信号 TEST(OSC)、$\overline{\text{TEST(PIN)}}$,前者使内部测试振荡器工作,后者使多普勒导航雷达进入测试状态,即停止发、收信号。

⑤ 控制频率跟踪器电路的工作,实际上雷达微机是频率跟踪器电路不可分割的一部分。

3) 雷达微机接收其他电路产生的故障信号:XTAL FALL、M/W $\overline{\text{FALL}}$、PIN FALL,同时它自己也产生 PROG FALL 故障信号,还检查 AGC 电压数据的完好性及有效性等一系列功能。雷达微机对这些信号进行综合处理后,输出三个状态信息,即 $\overline{\text{FALL}}$,$\overline{\text{LOCK FALL}}$(V),$\overline{\text{LOCK FALL}}$(I)。

4) 产生载波变换用的基准频率 100 kHz(0°)、100 kHz($\pm$90°)信号。

5) 产生 AGC 自动增益控制电压,控制中放及载波变换电路的增益。

6) 接收来自导航计算机(雷达工作方式)控制信号 $\overline{\text{TX INHINIT}}$、$\overline{\text{LOW POWER}}$、$\overline{\text{ICW/}}$ $\overline{\text{CW}}$、$\overline{\text{TEST}}$。

7）接收天线的温度数据码及刻度码。

8）完成各种数据的处理、存储、计算及其修正等工作。

2.2.2　信号关系

1. 外部交联信号

(1) 离散输入信号

有七个离散输入信号，其中第一个到第五个信号分别是发射禁止（$\overline{\text{TX INHIBIT}}$）、连续波选择（$\overline{\text{CW}}$）、低功率选择（$\overline{\text{LP}}$）、内部测试设备选择 TEST 和内部测试禁止（TEST INHIBIT），这均来自导航计算机。它们用于控制收发系统的工作方式，在某个时间，只能选择一种方式，"发射禁止"较其他方式优先。当上述离散输入信号线都为开路状态时，则多普勒导航雷达工作于中断连续波 ICW 方式。选择 ICW 以外的另一种工作方式时，要求相应的离散输入信号的电压小于 3.5 V，电流 5 mA。当离散输入信号线均处于开路状态时，其电压应在 +10～+30 V 之间，通过外部设备的漏电电流小于 0.2 mA。

第六个是来自悬停指示器的悬停指示范围为 20 kn/40 kn。该输入信号为"0"，则表示速度范围为 40 kn。

第七个是来自天线座的温度数据码与刻度码 $\angle 0℃$、$\angle 40℃$ 和 SCALE 的信号，用于误差修正。

(2) 离散输出信号

多普勒好（$\overline{\text{FALL}}$）信号，即二个锁定/故障 $\overline{\text{LOCK FALL(V)}}$、$\overline{\text{LOCK FALL(I)}}$ 信号。

(3) 速度数据输出

① ARINC - 429 串行数据输出至导航计算机。

多普勒导航雷达采用的正串行数据格式并符合 ARINC - 429 - 2 规范标准，时钟频率为 12.5 kHz，有三个 32 位的数据字，分别包含纵向、横向、垂直三个轴向速度加上状态位，它们的标识符分别为 260、261、262（八进制数）。

纵向速度占用 16 位数据加上一位符号位，速度范围可达 ±4 096 kn。横向速度及垂直速度占 12 位数据加上一位符号位，速度范围可达 ±256 kn。

② 直流电压数据输出至悬停指示器。

多普勒导航雷达输出三个直流电压，即纵向电压、横向电压、垂直电压，它们分别正比于三个轴向速度，并送给悬停指示器。

上述直流电压所代表的速度范围可以通过接收来自悬停指示器的"20 kn/40 kn"之改变，当 20 kn/40 kn 信号为 0 时，对应 40 kn 范围。

2. 内部工作信号

① 微波信号：微波产生器发出的 f_0 发射信号；天线接收的 $f_0 \pm f_d$ 回波信号；本振信号

f_1；接收机输出 10.7 MHz 的 IF 中频信号。

② 测速信号：载波变换电路输出的 100 kHz±f_d 副载波，频率跟踪输出的 VCO 测速脉冲、跟踪误差电压和 VCO 压控信号。

③ 微机控制信号：方式控制 $\overline{CW}$、$\overline{TEST}$、$\overline{TEST(PIN)}$；发射禁止 TX INHIBIT；波束控制 BACK、LEFT；模拟禁止 $\overline{AN\ INHIBIT}$；增益控制 AGC；定时信号 47 MHz 主频、50 kHz、400 kHz、正交 100 kHz(0°)、100 kHz(±90°) 信号；故障监测的有 XTAL FALL(XTAL1、XTAL2、REF XTAL)、M/W FALL、PIN FALL 信号；测试的有 TEST(OSC)(TEST(0°)、TEST(±90°)、信杂比 S/N 等信号。

2.2.3　概略工作过程

多普勒导航雷达工作时，在导航计算机送来的方式控制信号作用下，由微波振荡器产生射频电磁波，经发射 PIN 开关控制由天线转换为四波束，以一定的辐射角依次向地面发射，由地面反射的部分信号被雷达天线接收后，形成回波信号。由于直升机与地面做相对运动，使接收到的回波信号中包含多普勒频移 f_d；回波信号经接收 PIN 开关进入接收机，进行混频、放大和解调、再调制处理，产生一包含 f_d 的 100 kHz±f_d 音频副载波信号，频率跟踪器对其鉴相后，产生一误差电压送入雷达微机进行处理后得到压控电压信号。该信号被重新送回频率跟踪电路，对其中的压控振荡器进行控制，产生一个与多普勒频移中心频率相一致的 VCO 脉冲信号，并输出到微机中进行计算处理，最终得到与之相应的直升机三轴向地速输出到导航计算机和悬停指示器。

2.2.4　地速计算的基本原理

微波发生器产生 13.325 GHz 的微波信号，经过 PIN 二极管开关后，依次轮流送到发射天线的四个入口处，每束波束发射 25.5 ms。四束波束的多普勒频谱回波信号，通过接收机 PIN 二极管开关，以与发射机同样的开关次序，加到一个接收机中。该接收机由本机振荡器、混频器、自动频率控制和中频放大器等电路组成。

接收信号通过二次频率处理(混频及载波变换，详细情况见后说明)，然后加到频率跟踪电路的输入端。

设对应于四束波束 A、B、C、D 的多普勒频谱中心频率为 f_A、f_B、f_C、f_D，其值正比于直升机纵轴(x)、横轴(y)、垂直轴(z)的三个方向上的速度的矢量和。假设，直升机速度矢量具有前向速度、右向速度及向下速度，则来自四束波束的加到频率跟踪电路输入端的多普勒频谱的中心频率分别为

$$f_A = f_c + K_x v_{W_{xa}} + K_y v_{W_{ya}} + K_z v_{W_{za}}$$
$$f_B = f_c + K_x v_{W_{xa}} - K_y v_{W_{ya}} + K_z v_{W_{za}}$$
$$f_C = f_c + K_x v_{W_{xa}} + K_y v_{W_{ya}} - K_z v_{W_{za}}$$

$$f_{D} = f_{c} + K_{x}v_{W_{xa}} - K_{y}v_{W_{ya}} - K_{z}v_{W_{za}}$$

式中，f_{c} 是载波变换电路处理后的载波频率（100 kHz），K_{x}、K_{y}、K_{z} 是与多普勒导航雷达参数有关的常数。

频率跟踪电路从接收的多普勒频谱中取出上述中心频率，在跟踪周期内，雷达微机对此频率进行计数，计数结果如下：

$$计数 A = K_{x}v_{W_{xa}} + K_{y}v_{W_{ya}} + K_{z}v_{W_{za}}$$
$$计数 B = K_{x}v_{W_{xa}} - K_{y}v_{W_{ya}} + K_{z}v_{W_{za}}$$
$$计数 C = K_{x}v_{W_{xa}} + K_{y}v_{W_{ya}} - K_{z}v_{W_{za}}$$
$$计数 D = K_{x}v_{W_{xa}} - K_{y}v_{W_{ya}} - K_{z}v_{W_{za}}$$

解上一方程组，可得直升机三轴向速度表达式为

$$v_{W_{xa}} = （计数 B + 计数 C）/2K_{x}$$
$$v_{W_{ya}} = （计数 A - 计数 B）/2K_{y}$$
$$v_{W_{za}} = （计数 A - 计数 C）/2K_{z}$$

多普勒导航雷达微机就是按上述公式进行速度计算的。

在陆地上空飞行时，多普勒频谱具有对称钟形频谱，其中心频率处于频谱中心。在海面上空飞行时，频谱最大值会偏离中心频率，由此会产生一定误差，该误差由导航系统计算机进行补偿。

第3章 发射及接收系统

3.1 发射和接收系统功能

多普勒导航雷达收发系统功能示意图如图 3-1 所示。

图 3-1 中,各个部件分别安装在 PIN 开关驱动组件、微波组件及模拟组件中。微波发生器产生微波振荡信号,通过发射方式 PIN 二极管开关(或组件)及发射波束 PIN 二极管开关(或组件),将微波能量送往发射天线,按一定方式并轮流发出四束波束。回波信号通过接收波束 PIN 二极管开关及接收方式 PIN 二极管开关,按一定方式并轮流送往接收机处理。

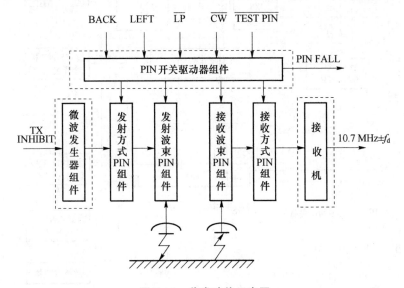

图 3-1 收发功能示意图

来自雷达微机的波束控制信号 BACK、LEFT,通过 PIN 开关驱动器组件控制收发波束 PIN 二极管开关,使四束波束轮流工作。

来自雷达微机的方式控制信号 $\overline{CW}$、$\overline{LP}$、$\overline{TEST(PIN)}$ 通过 PIN 开关驱动器组件,控制收/发方式 PIN 二极管开关,使收发天线按一定方式工作。

在 PIN 开关驱动器组件中,PIN 二极管开关的工作状态,由收发开关故障监测电路检查,输出"PIN FALL"信号,表示其工作状态。

进入接收机的多普勒频谱回波信号,经信号混频器混频后,产生 $10.7\text{ MHz}\pm f_d$ 的中频多普勒频谱信号,该信号经中频放大器放大后输出。

3.2　收发通道控制电路方块图

收发通道控制原理方块图如图 3-2 所示。下面对图 3-2 中各方块图作一说明。

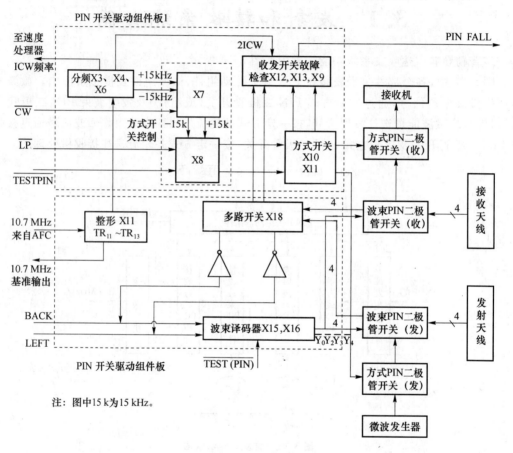

图 3-2　收发系统方块图

3.2.1　波束变换

我们知道,多普勒导航雷达的四束波束轮流工作,每束波束工作时间为 25.5 ms,周期为 102 ms。波束的这种工作次序是在波束转换控制信号 BACK、LEFT 控制下实现的。

来自雷达微机的 BACK、LEFT 信号,经波束译码器 X15、X16 译码后产生如图 3-3 所示波形图。

波束控制信号状态与波束工作关系如表 3－1 所列。

表 3－1 波束控制信号与波束工作关系

BACK	LEFT	$\overline{Y_i}$	选择波束
0	0	$\overline{Y_0}$	A
0	1	$\overline{Y_1}$	B
1	0	$\overline{Y_3}$	D
1	1	$\overline{Y_2}$	C

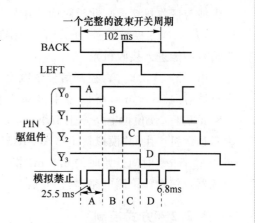

图 3－3 波束转换控制信号波形图

图 3－3 中，$\overline{Y_0}$、$\overline{Y_1}$、$\overline{Y_2}$、$\overline{Y_3}$ 信号为收发波束 PIN 二极管开关的控制信号。PIN 二极管开关原理电路如图 3－4 所示，图中右边四个二极管开关（DA～DD）为波束转换 PIN 二极管开关。

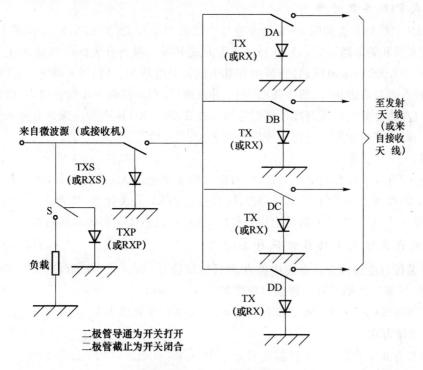

图 3－4 PIN 二极管开关图

收、发波束 PIN 二极管开关结构相同，图 3－4 中只画出发射 PIN 二极管开关。当控制信号 $\overline{Y_0}$、$\overline{Y_1}$、$\overline{Y_2}$、$\overline{Y_3}$ 为低电平时，对应 PIN 二极管截止，开关闭合，微波源与发射天线接通（或接收天线与接收机接通)，此时对应波束发射(或接收)能量；当控制信号 $\overline{Y_0}$、$\overline{Y_1}$、$\overline{Y_2}$、$\overline{Y_3}$ 为高电平时，对应 PIN 二极管导通，开关断开，则微波能量不能送往发射天线（或者接收天线接收的回波信号不能进入接收机）。

由于 $\overline{Y_0}$、$\overline{Y_1}$、$\overline{Y_2}$、$\overline{Y_3}$ 控制信号依次变为低电平，所以四束波束也轮流工作。每束波束低电平持续时间 25.5 ms，所以每束波束工作时间也为 25.5 ms。但在两波束转换期间，留有 6.8 ms 时间，使模拟电路停止工作，以便使每束波束的中频信号有一个建立时间。这个任务由雷达微机产生的"模拟禁止"（$\overline{\text{AN INHIBIT}}$）信号完成。该信号中的 6.8 ms 低电平脉冲与每个 25.5 ms 时间开始时的 6.8 ms 相对应。$\overline{\text{AN INHIBIT}}$ 信号将作用于频率变换电路、频率跟踪器及信杂比检测电路，禁止完成其功能。

3.2.2　方式控制

多普勒导航雷达的工作方式由方式开关控制电路 X7、X8、方式开关电路 X10、X11 及方式 PIN 二极管开关控制组成。

1. 方式 PIN 二极管开关

方式 PIN 二极管开关如图 3-5 的左边二个二极管及开关(X7a、X7b、X8a、X8b)所示，控制信号来自方式开关电路。X11、X10 和收与发方式 PIN 二极管开关结构相同。

图 3-4 中 TXS 表示串联通路，当加在其上的控制电压为负时，二极管截止，TXS 开关接通，左边公共点可与右边接通；图中 TXP 表示并联通道，当其控制电压为正时，二极管导通，开关断开，此时左边公共点可无衰减地接到右边。在 TXS、TXP 两个开关满足上述条件时，若是发射开关，此时微波源能量可送往天线发射出去；若是接收开关，从天线来的回波能量，可送往接收机处理。

当控制 TXS 开关的控制电压为正，则对应二极管导通，TXS 开关断开，则左右不通；当控制 TXP 开关的控制电压为负，TXP 开关二极管截止，TXP 开关接通，则产生一个并联旁通假负载。在 TXS、TXP 两个开关满足上述条件时，左端能量不能全部传输到右端。

2. 方式开关控制电路及方式开关电路

方式开关控制电路及方式开关电路在方式控制信号 $\overline{\text{CW}}$、$\overline{\text{LP}}$、$\overline{\text{TEST(PIN)}}$ 控制下，为"方式 PIN 二极管"提供控制信号。详细方块图如图 3-5 所示。

下面根据图 3-5，说明不同工作方式时，方式开关的工作情况。

(1) 连续波方式

在连续波方式工作时，方式控制信号状态是：$\overline{\text{CW}}=0$，$\overline{\text{LP}}=1$，$\overline{\text{TEST(PIN)}}=1$。在此状态，方式开关控制电路 X8a 及 X8b 输出均为"低"。方式开关电路中的 X10a、X11a 输出负电压到 TXS、RXS 的 PIN 二极管，使二极管截止，对应开关接通。方式开关电路中的 X10b、X11b 输出一个正电压到 TXP、RXP 的 PIN 二极管，使二极管导通，对应开关断开，即串联开

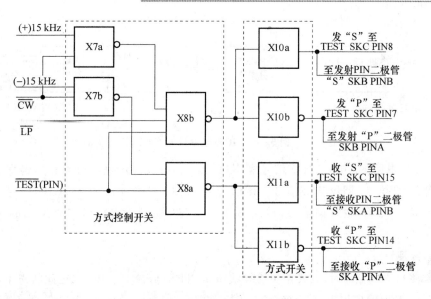

图 3-5 方式开关方块图

关接通,而并联开关断开,所以射频信号可以顺利通过这些开关而不衰减。这样,在波束工作期间,发射功率最大,接收功率也最大。

(2) 低功率方式

在低功率方式工作时,方式控制信号状态是:$\overline{CW}=0,\overline{LP}=0,\overline{TEST(PIN)}=1$。此时,方式开关控制电路 X8b 输出为"高",而 X8a 输出为"低",结果使方式开关电路中的 X10a 输出一个正电压到 TXS,使发射通道的串联 PIN 二极管导通,相应开关断开;X10b 输出一个负电压到 TXP,使发射通道并联 PIN 二极管截止,相应开关接通。因此,此时发射通道产生较大衰减。X11a 输出一个负电压到 RXS,使接收通道的串联开关二极管截止,相应开关接通;X11b 输出一个正电压到 RXP,使接收通道的并联开关二极管导通,相应开关断开。因此可以有最大射频信号通过接收通道。综上所述,在低功率方式下,微波经衰减后发射,而回波信号无衰减地接收。

(3) 中断连续波方式

在中断连续波方式工作时,方式控制信号状态是:$\overline{CW}=1,\overline{LP}=1,\overline{TEST(PIN)}=1$。在此状态下,来自分频电路的相位相反的两个 15 kHz 方波信号通过方式开关控制电路 X7、X8a、X8b 反相后再经过方式开关电路 X10、X11,控制发射方式 PIN 二极管及接收方式 PIN 二极管。由于两个 15 kHz 方波信号反相,所以发射时接收衰减,而接收时发射衰减,使接收、发射轮流工作。

两个反相的 15 kHz 信号是由分频器 X3、X4、X6 对来自自频调电路的 10.7 MHz 信号进行整形分频后产生,分频器方块图如图 3-6 所示。

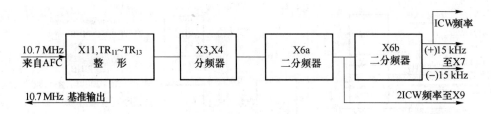

图 3 - 6 ICW 频率信号产生

来自 AFC 电路的 10.7 MHz 信号经 X11、TR$_{11}$～TR$_{13}$ 整形成方波信号,经 X3、X4 进行 177 次分频后,产生 60 kHz 方波信号。该信号再经 X6a 二分频后产生 2ICW 信号,送到 PIN 故障检测电路中的 X9 做时钟信号,再经 X6b 二分频,从 Q 及 Q̄ 输出二个反相的 15 kHz 的 ICW 频率信号。

(4) 内部测试

在内部测试方式工作时,方式控制信号状态是:$\overline{\text{TEST(PIN)}}$ 为"低"。在此状态下,方式开关控制电路 X8a、X8b 输出均为"高",使 TXS、RXS 的 PIN 二极管导通,相应串联通道开关断开,而 RXP、TXP 的 PIN 二极管截止,相应并联通道开关接通;同时低电平的 $\overline{\text{TEST(PIN)}}$ 信号强迫波束译码器 X15 输出全为高电平(见图 3 - 2),使全部波束 PIN 二极管导通,相应开关全部断开。因此接收通道及发射通道都产生最大衰减,即此时不发射无线电波,也不接收无线电回波信号。

为简单明了起见,将上述四种工作方式下的方式控制信号状态,方式开关控制电路 X8a、X8b 的输出状态,方式开关电路 X10a、X10b、X11a、X11b 的输出状态,以及最后控制结果列于表3 - 2中。

表 3 - 2 方式控制状态表

方　式	$\overline{\text{CW}}$	$\overline{\text{LP}}$	$\overline{\text{TEST(PIN)}}$	X8a	X8b	X10a	X10b	X11a	X11b	控制结果
连续波	0	1	1	0	0	负	正	负	正	接收、发射无衰减
低功率	0	0	1	0	1	正	负	负	正	接收无衰减、发射衰减
中　断 连续波	1	1	1	输出 15 kHz 反相方波		负/正	正/负	正/负	负/正	发射衰减、接收无衰减 或发射无衰减、接收衰减
内部测试	×	×	0	1	1	正	负	正	负	收发全部衰减

3.2.3 PIN 开关故障检测

在收发系统中,有一个内部测试电路,连续地测试波束开关的电压电平及方式开关电路的电流电平,如果检查到一个错误状态,则产生一个故障信号,即 PIN FALL,完成这一测试功能的方块图如图 3 - 7 所示。

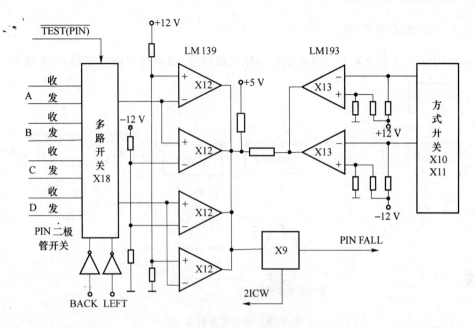

图 3-7　PIN 开关测试方块图

波束 PIN 开关的电压电平加到多路开关 X18 输入端,在波束控制信号"BACK"、"LEFT"的控制下,依次送到比较器 X12 输入端,检测次序如表 3-3 所列。

表 3-3　波束 PIN 开关检测次序

选择波束	检测的波束开关
A	C
B	D
C	A
D	B

使用表 3-3 所示检测次序,可以防止检测线上的暂态不稳定过程。如果波束开关电平不正常,则比较器 X12 输出信号会使锁存器 X9 置 1,输出高电平"PIN FALL"信号,表示 PIN 开关故障。否则,锁存器 X9 置 0,表示波束 PIN 开关无故障。

方式开关电路的电流、电平由比较器 X13 检测。若 X10、X11 处于故障状态,比较器 X13 输出信号使锁存器 X9 置 1,PIN FALL=1,指示故障状态。锁存器 X9a 使用的 2ICW 频率信号为时钟脉冲。

3.2.4　接收机方框图

经接收 PIN 二极管开关来的回波信号由接收机处理,接收机方块图如图 3-8 所示。

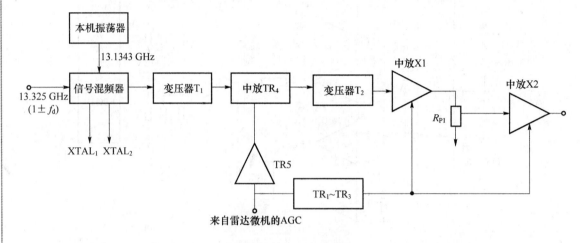

图 3-8　接收机方框图

接收机由信号混频器及三级中频放大器(带自动增益控制 AGC)组成。

通过 PIN 二极管开关的 13.325 GHz±f_d 的回波信号,首先加到信号混频器上,同时加在信号混频器上的还有本振信号,频率为 13.1343 GHz。信号混频器产生 10.7 MHz±f_d 的中频多普勒频谱信号,经中频放大器 TR$_4$、X1、X2 放大后,送到载波变换电路上。

来自雷达微机的自动增益控制 AGC 电压,通过 TR$_5$ 控制中放 TR$_4$ 的增益。AGC 电压通过 TR$_1$、TR$_2$、TR$_3$ 变换,使之适合于中放 X1、X2 增益特性后,加到 X1、X2 进行增益控制。调节电位器 R_{P1},可使增益最大。

在信号混额器输出端提供晶体电流检测点 XTAL$_1$、XTAL$_2$,可用来表示信号混频晶体的工作状态。

3.3　收发通道控制电路

收发系统电路分布在 PIN 驱动组件板 1、PIN 驱动组件板 2 及中频放大器板上。

3.3.1　PIN 驱动组件板 1

PIN 驱动组件板 1 电路详见附录图 1 所示。

在该板上包含四部分电路:方式开关控制电路 X7、X8a、X8b,方式开关电路 X10、X11,ICW 频率产生电路和 PIN 开关故障检测电路。

1. 方式开关控制电路及方式开关电路

方式开关控制电路中的 X7 使用 5401 芯片，它是一个四二输入与非门；X8 使用 54LS13J 芯片，它是一个双四输入正与非施密持触发器。54LS13J 的引脚功能如图 3 − 9 所示。

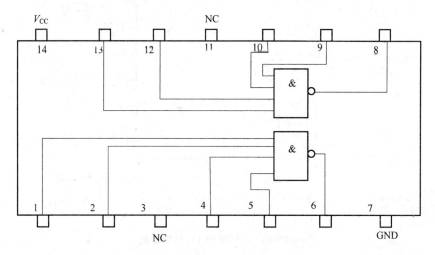

图 3 − 9　54LS13J 的引脚功能图

方式开关控制电路 X7、X8 的输出信号，控制方式开关电路 X10、X11 的工作。

方式开关电路 X10、X11 使用 DG303AAK 芯片，其引脚功能如图 3 − 10 所示，它是一个带驱动器的模拟开关，其功能如表 3 − 4 所列。

表 3 − 4　DG303AAK 功能表

控制逻辑 IN	开关 S_1、S_2	开关 S_3、S_4
0	断	通
1	通	断

由图 3 − 10 及表 3 − 4 可见，当从 X8 来的信号为"0"时，在 3、4 脚输出负电压，在 11 及 12 脚输出正电压。当 X8 来的信号为"1"时，在 3、4 脚输出正电压，而 11、12 脚输出负电压。

X10、X11 两个电路，除输入来源和输出信号去向不同外，其余连线相同。在图 3 − 10 中，若输入来自 X8a，则图中 DG303AAK 为 X11，左边一半为 X11a，右边一半为 X11b。若输入来自 X8b，则图中 DG303AAK 为 X10。同样，左边一半为 X10a，右边一半为 X10b。当 X8a 或 X8b 为"0"或"1"时，DG303AAK 输出状态，已如表 3 − 4 所列。

2. ICW 分频器

ICW 分频器电路如图 3 − 11 所示。这个分频器的任务是将来自自频调电路的 10.7 MHz 频率分频为 15 kHz。

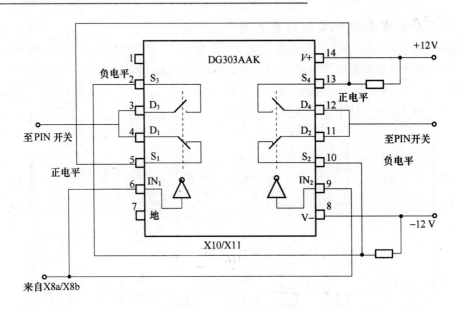

图 3 - 10　DG303AAK 引脚功能

图 3 - 11 中,X3、X4 使用 LS161 芯片,其引脚功能如图 3 - 12 所示。这是一个四位同步二进制计数器。

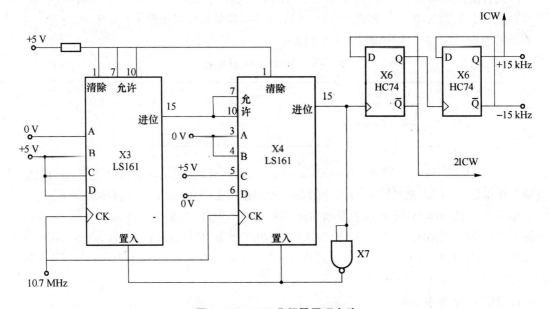

图 3 - 11　ICW 分频器原理电路

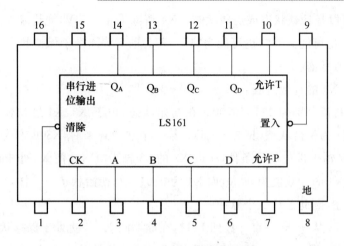

图 3 - 12　54LS161 引脚功能图

(1) LS161 工作状态说明

LS161 有四种工作状态,如表 3 - 5 所列。

表 3 - 5　LS161 工作状态表

置入(9 脚)	允许 P(7 脚)	允许 T(10 脚)	清除(1 脚)	状　态	注
1	1	1	1	计数(CK↑)	A、B、C、D 不起作用
0	×	×	1	送　数	A、B、C、D→Q_A、Q_B、Q_C、Q_D
1	0	1	1	保　持	Q_A、Q_B、Q_C、Q_D 保持不变
1	×	0	1	保　持	
×	×	×	↓	清　零	$Q_A=Q_B=Q_C=Q_D=0$

在计数状态,要求 7、9、10、1 脚为"1"状态。当 CK 端出现上升沿时,计数器加 1;当计满 15 时,出现 Q_D、Q_C、Q_B、$Q_A=1111$,进位输出端产生一个上升沿(在非计数状态,T≠1 时,无此进位信号),再来一个脉冲时,Q_D、Q_C、Q_B、$Q_A=0000$,进位脉冲消失,并重新计数。在送数状态,要求清除端 1 脚为"1",此时,只要置入端 9 脚为"0",输入端 A、B、C、D 数据出现在输出端。

在保持状态,输出不变。只要置入端 9 脚及清除端 1 脚为 1,而允许端 7 及 10 脚之一为 0,则处于保持状态。

只要清除端 1 脚出现下降沿,计数器清零。

(2) 实际计数过程

根据表 3 - 5 结合图 3 - 11 电路,可以知道,X3 的允许端 7 脚、10 脚及清除端 1 脚为

+5 V,所以 X3 可以是计数状态或送数状态。X4 清除端接+5 V,允许端 7、10 脚接 X3 进位输出端,X3 进位输出可能为"0",也可能为"1"。若为前者,X4 处于保持状态;若为后者,X4 处于计数状态,或送数状态。

下面说明 X3、X4 的计数过程:

设 X3、X4 的初值分别为 1110、0100。在初始状态,由于 X3、X4 进位输出端为"0",所以 X3 为计数状态,X4 为保持状态(见表 3-5)。第一个脉冲到来后,X3 状态为 1111,X4 保持为 0100,此时 X3 满足输出进位信号条件,所以 X3 的 15 脚为"1",这使 X4 处于计数状态,所以第二个脉冲到来后,X3 的计数值为 0000,而 X4 为 0101。与初始状态时一样,X3 处于计数状态,X4 又处于保持状态,到此已计二个脉冲。

从此时开始,X3 从 0000 一直计数到 1111,在此期间 X4 一直处于保持状态,但一旦 X3 计满 1111,X3 进位输出端 15 脚变为"高"电平,于是 X4 从保持状态变为计数状态,所以再来一个脉冲,X3 从 1111 状态变为 0000 状态,而 X4 计数器加 1,此时 X3 进位输出端 15 脚变为低电平,所以 X4 又变为保持状态。

由此可见,每当 X3 计满 16 个脉冲,X4 加 1。这种情况一直进行到 X3 计数状态为 0000,而 X4 计满 1111 为止。至此已计脉冲个数为 $2+10 \times 16$。但由于 X3 进位输出端为 0,所以 X4 又进入保持状态,而 X3 仍为计数状态,当 X3 又计 15 个脉冲即为 1111 时,X3 进位信号为高电平,即 X4 允许端 T="1",再加上 X4 保持的状态为 1111,所以 X4 满足产生进位信号条件,X4 进位输出端为高电平,这一个高电平使 X3、X4 进入送数状态,使 X3 输出状态变为 1110(X3 输入端为 1110),X4 输出状态变为 0100(X4 输入端为 0100),即返回初始状态,重新开始计数。

由此可见,从初始状态开始计数,到 X4 产生一个进位脉冲为止,共计脉冲个数为 $2+10 \times 16+15=177$。也就是说,X3、X4 组成一个 177 计数分频器,每输入 177 个脉冲,输出一个脉冲。

(3) 输出频率

由于 X3 输入端频率为 10.7 MHz,由于 177 的计数分频,使 X4 输出脉冲频率为 10.7 MHz÷177＝60.45 kHz。

图 3-11 中,两个 X6 各组成一个二分频器,X6 使用 HC74 芯片。该芯片是一个双 D 触发器,为上升沿触发,其引脚功能如图 3-13 所示。

从第一个 X6 输出端 $\overline{Q}$ 输出 2ICW 信号,其频率为 30 kHz,送到 PIN 故障检测电路上做时钟信号。第二个 X6 的 Q 及 $\overline{Q}$ 输出端输出相位相反的二个 15 kHz 信号。

3. PIN FALL 信号产生电路

PIN FALL 信号产生电路如图 3-7 所示,基本情况已如前述。图 3-7 中,X12 使用芯片

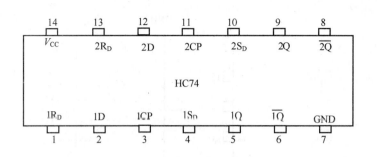

图 3 - 13　HC74 引脚功能图

型号为 LM139,它是一个四比较器芯片,LM139 引脚排列如图 3 - 14 所示。X13 使用 LM193 芯片,它是一个双高精度电压比较器,其引脚功能如图 3 - 15 所示。

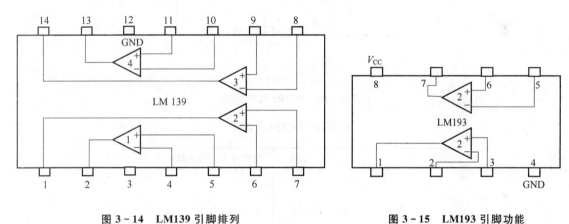

图 3 - 14　LM139 引脚排列

图 3 - 15　LM193 引脚功能

3.3.2　PIN 驱动组件板 2

PIN 驱动组件板 2 详细电路如附录图 2 所示。

在该板上,含有波束译码器 X15、X16,多路开关 X18 和 10.7 MHz 整形电路。

1. 波束译码器

波束译码器 X15 使用 DG509 芯片,X16 为 NPN 晶体管集成芯片 CA3082F。DG509 引脚功能如图 3 - 16 所示,功能如表 3　6 所列。

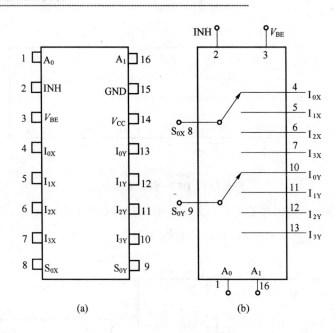

图 3 - 16　DG509 引脚功能

表 3 - 6　DG509 的功能

A_1	A_0	INH	与输入 S_0 连接的输出端
×	×	0	—
0	0	1	I_0
0	1	1	I_1
1	0	1	I_2
1	1	1	I_3

　　由表 3 - 6 可见，DG509 在地址信号 A_1、A_0 控制下，将输入端 S_{0X} 依次接到 I_{0X}、I_{1X}、I_{2X}、I_{3X} 输出端，S_{0Y} 依次接到 I_{0Y}、I_{1Y}、I_{2Y}、I_{3Y} 输出端，所以它是一个双四多路模拟开关。

　　DG509 在 PIN 驱动器板 2 中的电路如图 3 - 17 所示。X15 的二个输入端 S_{0X}、S_{0Y}（8、9 脚）接 0 V，而输出通过电阻接 +12 V，这表示输出与输入接通时，输出为 0 V，而不接通时为 +12 V。A_1 接 BACK 信号，A_0 接 LEFT 信号。

　　根据 DG509 的功能，可列出表 3 - 7 的 X15 译码表。该表表示 X15 输出状态与 BACK、LEFT 信号元之间的关系。

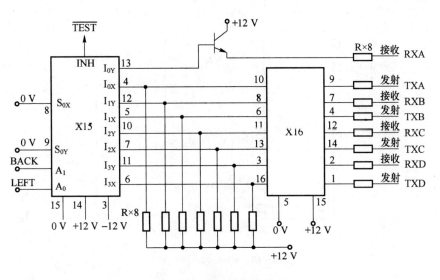

图 3 - 17 波束译码器电路

表 3 - 7 X15 译码器

BACK(A_1)	LEFT(A_0)	I_{0X}、I_{0Y}	I_{1X}、I_{1Y}	I_{2X}、I_{2Y}	I_{3X}、I_{3Y}
0	0	0	1	1	1
0	1	1	0	1	1
1	0	1	1	0	1
1	1	1	1	1	0

X15 输出信号,经 NPN 三极管驱动后,控制波束 PIN 二极管开关,如表 3-8 所列。

表 3 - 8 X15 输出信号与 PIN 开关之间关系

I_{0X}	I_{0Y}	I_{1X}	I_{1Y}	I_{2X}	I_{2Y}	I_{3X}	I_{3Y}
TXA	RXA	TXB	RXB	TXC	RXC	TXD	RXD
$\overline{Y_0}$		$\overline{Y_1}$		$\overline{Y_2}$		$\overline{Y_3}$	

X15 的 INH 端接$\overline{\text{TEST}}$信号。当$\overline{\text{TEST}}=0$ 时,X15 输出全为 1,此时$\overline{Y_0}$、$\overline{Y_1}$、$\overline{Y_2}$、$\overline{Y_3}$全为"1"。

2. 多路开关 X18

多路开关 X18 使用 CD4502 芯片,引脚功能如图 3 - 18 所示。CD4502 功能如表 3 - 9 所列。

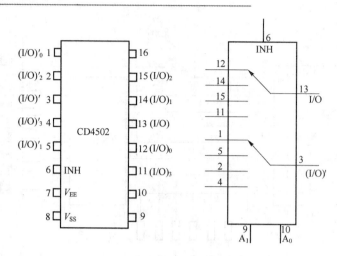

图 3 - 18　CD4502 引脚功能

表 3 - 9　CD4502 的功能

A_1	A_0	INH	I/O	(I/O)′
0	0	0	$(I/O)_0$	$(I/O)'_0$
0	1	0	$(I/O)_1$	$(I/O)'_1$
1	0	0	$(I/O)_2$	$(I/O)'_2$
1	1	0	$(I/O)_3$	$(I/O)'_3$
×	×	1	—	—

　　由表 3 - 9 可见,CD4502 是一个双四选一的选择开关。地址信号 A_1、A_0 分别接 BACK 及 LEFT 反相后的信号。在地址信号 A_1、A_0 控制下,输出信号依次取自四个输入之一。

　　X18 在 PIN 驱动组件板 2 中的原理电路如图 3 - 19 所示。

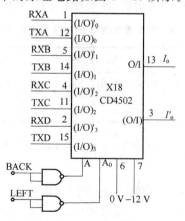

图 3 - 19　多路开关原理电路图

根据图3-18、图3-19及表3-9,可得在BACK、LEFT信号控制下,输出的PIN二极管开关电压值如表3-10所列。

这与前面讲的波束开关检测的次序相同。

表3-10 X18多路开关的输出

选择波束	BACK	LEFT	A_1	A_0	I/O(I_0)	(I/O)'(I_0)
波束 A	0	0	1	1	TXC 电压	RXC 电压
波束 B	0	1	1	0	TXD 电压	RXD 电压
波束 C	1	1	0	0	TXA 电压	RXA 电压
波束 D	1	0	0	1	TXB 电压	RXB 电压

3. 10.7 MHz 整形电路

10.7 MHz整形电路产生10.7 MHz脉冲信号,供ICW计数分频器做输入,其电路如图3-6所示,因为电路比较简单,不再单独画出。其中X11使用MC1590G芯片,该芯片是宽带放大电路,引脚功能如图3-20所示。

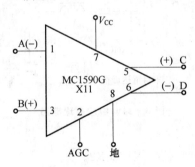

图3-20 MCL590G引脚功能图

使用TR_{11}、TR_{12}、TR_{13}三个共发射极放大器及二极管D_6的饱和截止限幅特性,使10.7 MHz信号整形成脉冲信号。

3.3.3 接收机电路

接收机电路(模拟组件中放)如附录图3所示。

接收机由二部分组成,即混频器组件及中频放大器板。

1. 混频器组件

混频器组件如附录图3中的虚线框部分。这里有AFC混频器及信号混频器两个。后者为二极管平衡混频器,它接收来自PIN二极管开关的回波信号及来自本机振荡器的本振信号,并产生 $10.7\ \mathrm{MHz}\pm f_\mathrm{d}$ 的中频多普勒频谱信号,输送给中放级放大。

从信号混频器输出端引出两个信号 $XTAL_1$、$XTAL_2$,分别指示混频器。

2. 中频放大器

中频放大器原理电路如图 3 – 21 所示。该电路可分中放及 AGC 电路二部分。

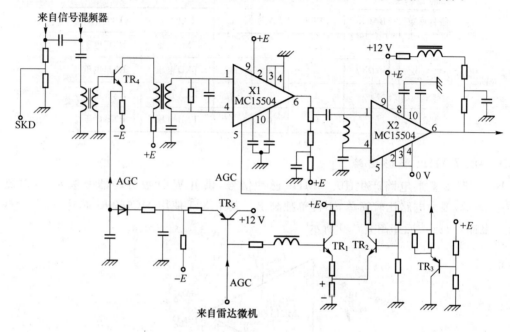

图 3 – 21　中放原理电路

(1) 中放电路

中放电路由三级电路组成,即 TR_4、X1 和 X2。

第一级是三极管(TR_4)双调谐中频放大器,其发射极受自动增益控制电压控制。第二、第三级(X1、X2)是两级集成电路中放,都使用 MC15504 芯片。MC15504 可做中放也可做射频放大器,其引脚如图 3 – 22 所示。

(2) AGC 电路

AGC 控制电压来自 D91 微机,在直接控制 TR_4 及 X1、X2 之前,做进一步处理,主要目的在于使之能适应被控器件的 AGC 电压控制范围。

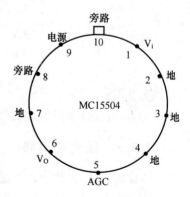

图 3 – 22　MC15004 引脚图

3.4 微波发生器

3.4.1 微波发生器功能

微波发生器用来产生频率为 13.325 GHz＋5 MHz 的微波信号，其最大输出功率为 350 mW，并无衰减地送到"发射 PIN 二极管开关"。另外，衰减 17 dB 后的部分能量加到自频调混频器。"发射禁止"信号有效时，微波发生器停止产生微波信号。微波发生器基本功能如图 3-23 所示。

3.4.2 微波发生器原理电路方块图

微波发生器详细方块如图 3-24 所示。为了使发射频率具有必要的频率稳定度，振荡源使用石英晶体振荡器，同时使用稳定的电源电压。图 3-24 中，第一级便是 24 V 稳压电源，晶体振荡频率为 92.5347 MHz，输出功率为 60 mW。为了产生一定的输出功率，其后加三级放大器，将振荡功率增加到 10 W。为使振荡频率提高到 13.325 GHz，在放大器后，使用四

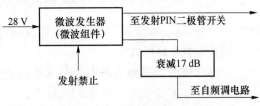

图 3-23 微波发生器功能示意图

级倍频器，倍频系数分别为 3、6、2、4 倍，乘积后共倍频 144 倍，最后输出频率为 13.325 GHz，最大输出功率为 350 mW 的信号。

图 3-24 微波发生器方块图

3.4.3 微波发生器电路说明

1. 晶体振荡器

晶体振荡器工作在具有五次晶振谐波的串联谐振方式，其输出加到一个晶体管基极。只有工作在串联谐振频率上，该晶体管电路才能输出振荡波。振荡级输出功率大约 60 mW。

2. 三级放大器

第一级放大器使用 2N2368 晶体管，工作于共发射极 A 类方式，它将振荡功率提高到 180 mW。第二级放大器仍使用共发射极 A 类放大方式，使用 2N3373 晶体管，输出功率大约为 2 W。第三级放大器工作于 C 类，使用 2N2733 管子，输出功率大约为 10 W。它通过一个测试连接器连到倍频级，该测试连接器用来检查这些放大器的特性。

3. 四级倍频器

四级倍频器可以利用谐振放大器(工作于乙、丙类)选择输出回路在谐波频率上实现,但从提高倍频效率和单极倍频倍数的角度而言,常采用变容二极管和阶跃二阶管构成变频电路。

81077DATH 雷达的微波振荡器采用的是变容二极管倍频器。

(1) 变容二极管倍频原理

当稳态正弦波加在线性电容上时,产生的电流是正弦电流,但当把其加到变容二极管两端时,由于变容二极管的结电容是端电压的函数(见图 3-25),由流过电容的电流 $i = C(u)\dfrac{\mathrm{d}i}{\mathrm{d}t}$ 可知,由于 $C(u)$ 的非线性,则 i 不再是正弦波,而是产生了畸变,这一畸变就产生了高次谐波,这就是变容二极管倍频的原理。

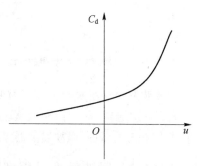

图 3-25 变容二极管的电压-电容特性

(2) 基本电路形式

变容二极管的倍频电路有两种基本形式:并联型(又称电流激励型)和串联型(又称电压激励型),分别如图 3-26 和图 3-27 所示。

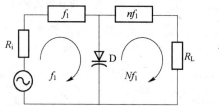
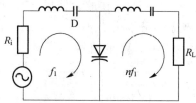

图 3-26 并联型变容二极管的倍频电路

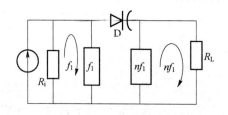
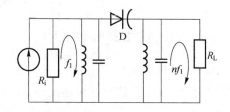

图 3-27 串联型变容二极管的倍频电路

① 假设图中的滤波器是理想滤波器,在并联型电路中,f_1 和 nf_1 滤波器对 f_1 和 nf_1 频率短路;在串联型电路中,f_1 和 nf_1 滤波器对 f_1 和 nf_1 频率开路。

② 电路的串联、并联是以二极管 D 谐振电路为标准的,串联型用并联谐振电路做选频网络,而并联型用串联型谐振电路做选频网络。

③ 这两种电路是对偶的,并联电路有利于管子的安装和散热,用于大功率;而串联电路在高倍频时效率较高。

实际上,利用基本型电路得到高次和高效率倍频是困难的,因而,构成完整的倍频电路时还要加一些必要的辅助电路,其中包括空闲电路、偏置电路和输入输出电路。

(3) 空闲电路

理论和实践都表明,在利用变容二极管进行二次以上的倍频时,为提高效率和输出功率必须增加空闲电路。以并联型为例,如图 3 - 28 所示,介绍空闲电路的并联型变容二极管倍频电路。

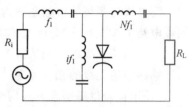

流过二极管的电流包括三倍频分量 f_1、if_1、$nf_1 (n \geqslant 3)$,这样就可以产生增大功率的高次谐波功率,因为把浪费的 if_1 的功率也转化为 nf_1 的功率。

其实质是:由信号分析可知,非线性信号的谐波功率,随 n 的增大而迅速衰减,所以直接取高次谐波功率倍频效率太低。空闲电路的作用是将变容管产生的低次谐波能量送回到二极管中,再通过其非线性的混频功能把低次谐波能量转变为高次谐波能量。

图 3 - 28 增加空闲电路的并联型变容二极管倍频电路

空闲电路可以只采用一个,如常用的 1 - 2 - 3 倍频器,其输入效率为 f_1,输出效率为 $3f_1$,空闲频率为 $2f_1$。f_1 和 $2f_1$ 在二极管中混频得到 $3f_1$。

又如 1 - 2 - 4 倍频器将空闲频率 $2f_1$ 再次送到变容管上进行倍频,可得到 $4f_1$。也可用两个空闲频率,如 1 - 2 - 3 - 4,则有 $f_1 + 3f_1 = 4f_1$ 和 $2f_1 \times 2 = 4f_1$。实质上是把二次谐波、三次谐波的能量一起转化为 $4f_1$ 的能量,否则这些功率就都浪费。

(4) 匹配电路

匹配电路的作用是:

① 输入阻抗与信号源内阻匹配,输出阻抗与负载匹配;

② 滤除其他无用的谐波分量。

(5) 偏置电路

变容二极管的直流工作点直接影响输出功率和效率,所以其偏置设计和调整是非常重要的。偏置的基本形式有两种,即外加偏压式和自偏压式,如图 3 - 29 所示。

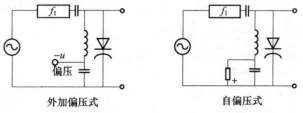

外加偏压式　　　　　　　自偏压式

图 3 - 29 变容二极管的倍频偏置电路

外加偏压式电路复杂,调节困难,稳定性差。自偏压式有谐波电压,降低了倍频效率,通常采用自偏压形式。本雷达采用自偏压式时,产生负偏压,与外加极性相同。

所有倍频器都使用变容二极管的电压—电容特性作为倍频机理。采用自偏压方式,在电容特性上,获得一个最佳工作点。使用闲频电路,可获得大于 2 的倍频系数。所有倍频级都使用有源器件,便于与变容二极管电抗匹配,并提高级间滤波性能。

第一级倍频器的倍频系数为 3,将晶体频率 92.534 7 MHz 提高到 277.604 1 MHz,其输出功率大约为 6 W,闲频电路频率为 180 MHz。

第二级倍频级的倍频系数为 6,将晶振频率提高到 1.665 6 GHz,输出功率大约为 1.8 W,闲频电路工作在 556 MHz 及 835 MHz 频率上。

第三级倍频级的倍频系数为 2,输出频率为 3.331 249 GHz,输出功率大约 0.8 W。

第四级倍频级的倍频系数为 4,输出频率为 13.324 996 8 GHz,闲频电路频率为 6.68 GHz,输出信号以磁耦合方式到输出波导中,并滤除不希望的谐波分量。

3.4.4　24 V 电源稳压电路说明

振荡器电源电压不稳定,则会使振荡信号产生振幅调制,从而产生附加的边频分量。为解决此问题,多普勒导航雷达的微波源电源经专用稳压器稳压后供给。

微波源稳压振荡器电路如图 3-30 所示。

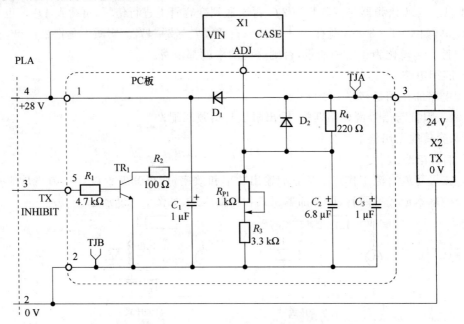

图 3-30　微波源稳压振荡器电路图

图 3-30 中,X1 是调压电路,输入电压为 +28 V 直流电压,输出为稳定的 +24 V 电压。电阻 R_4、R_{P1}、R_3 为输出电压的取样电阻,取样电压送到调压电路的"调整端",当输出电压增加,则取样电压增加,调压器自动使输出电压下降。调电位器 R_{P1},可调整输出电压大小。三极管 TR_1 是该稳压电路的控制电路。当基极接"TX INHIBIT"信号,即在"TX INHIBIT"=0 时,三极管 TR_1 截止,+24 V 电源正常工作;当"TX INHIBIT"=1 时,三极管 TR_1 导通,取样电压接近于 0,使调压电路 X1 停止工作,从而使微波振荡器停止振荡。

3.5 本机振荡器

3.5.1 本机振荡器功能

本机振荡器功能示意图如图 3-31 所示。

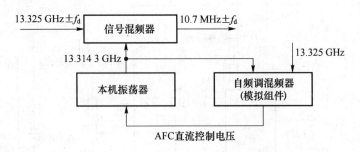

图 3-31 本机振荡器功能示意

本机振荡器产生 13.314 3 GHz 的额定频率,其输出功率大约为 14 mW,将能量送到信号混频器及自频调混频器上,作本机振荡信号。

3.5.2 本机振荡器方块图

本机振荡器方块图与微波发生器方块图基本类同,只是稳压器输入电压为 +12 V(来自雷达电源),无"TX INHIBIT"信号控制,如图 3-32 所示。在晶体振荡器上,加一个 AFC 直流控制电压(来自自频调电路),在此电压控制下,本机振荡器频率始终较微波振荡器振荡频率低 10.7 MHz。关于该方块图的其他说明,与上节有关部分类同,只是频率及功率不同而已。

3.5.3 本机振荡器稳压电路说明

与微波发生器所述同理,本机振荡器应使用稳定的电源电压,其电路如图 3-33 所示。该稳压电路的输入来自多普勒导航雷达电源组件的 +12 V 电压,通过三极管 TR_2 调整后,输出

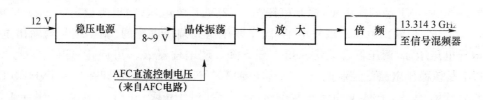

图 3 - 32　本机振荡器方块图

8～9 V 电压,作本机振荡器的电源。电阻 R_7、R_{P1}、R_8 为输出电压的取样电阻,取样电压加到电压调节器 X1 的 2 脚,经 X1 调节后的电压,通过电阻 R_4、三极管 TR_1,来控制三极管 TR_2 的导通程度,若输出电压降低,则 TR_2 导通程度加深,其管压降减少,输出电压增加;若输出电压增加,则 TR_2 导通程度减弱,其管压降增加,使输出降低。

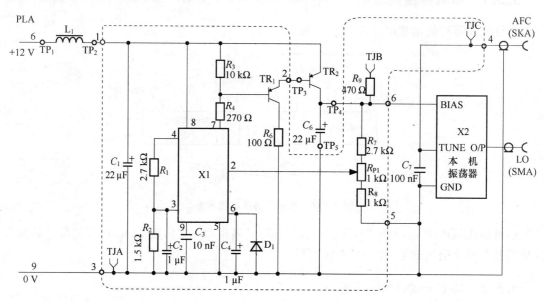

图 3 - 33　本机稳压振荡电路图

第4章　自动频率微调电路

4.1　AFC 电路功能

　　自动频率微调电路(简称 AFC)的基本功能是输出一个 AFC 直流控制电压,并加到本机振荡器上,控制本机振荡器的频率始终比发射频率低 10.7 MHz。目的是使信号混频器输出的中频信号频率处于中频放大器的通频带内,以维持中放的固定增益。

　　除以上所述基本功能外,AFC 电路还输出下列信号:

　　① 两个正交的 10.7 MHz 解调信号,即 REF FREQ(0°)和 REF FREQ(90°)。两信号加到载波变换电路上,消除收发天线之间的剩余耦合。

　　② 一个 10.7 MHz 的频率信号,加到"PIN 驱动组件"电路板上,产生 ICW 工作方式所使用的 15 kHz 频率信号。

　　③ 故障信号 M/W FALL 及 REF XTAL:在发射源信号或本机振荡信号丢失或自动频率控制电路失效时,AFC 电路产生一个 M/W FALL 故障信号;AFC 电路还产生一个 REF XTAL 信号,指示 AFC 混频晶体的故障情况。

　　这两个故障信号都加到雷达微机中,进行故障综合分析处理。AFC 功能示意如图 4-1 所示。

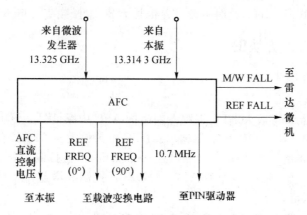

图 4-1　AFC 功能示意图

4.2　AFC 方块图

4.2.1　AFC 基本功能原理方块图

AFC 基本功能原理方块图如图 4-2 所示。

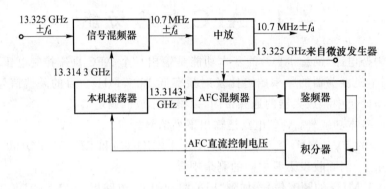

图 4-2　AFC 基本功能原理方块图

发射信号的一部分和本机振荡器输出信号一起加到 AFC 混频器的输入端,产生 AFC 的中频信号。AFC 中频信号加到一个鉴频器上,鉴别 AFC 中频信号的频率是否等于 10.7 MHz。若不等,则输出一个直流误差信号,这表示 AFC 中频频率与 10.7 MHz 之间的频率差。直流误差信号经积分放大器放大后,输出一个 AFC 直流控制电压。本机振荡器在 AFC 直流电压控制下,使本机振荡频率比发射频率刚好低 10.7 MHz,使 AFC 混频器输出的 AFC 中频频率等于 10.7 MHz,此时直流误差信号为零,本振频率维持不变。

4.2.2　AFC 详细方块图

AFC 详细电路如图 4-3 所示。

1. AFC 中放

AFC 中频放大器 X21 放大 AFC 混频器输出的 AFC 中频信号。该中频信号经 AFC 中频放大器 X21 放大后由 TR_{21}、TR_{22} 跟随器输出。AFC 中频放大器 X21 具有自动增益控制功能,经放大后的 AFC 中频信号由 TR_{23} 整流后产生一个 AFC 增益控制电压。该电压经积分放大器 X22 放大后的数值为 5~7 V,加到 AFC 中放 X21,控制其增益,使 AFC 中放输出的 AFC 中频信号振幅基本恒定。

2. 频率误差的鉴别及 AFC 直流控制电压的产生

所谓频率误差是指 AFC 中频信号的频率与 10.7 MHz 之间的误差。这一频率误差由 LC 串联谐振电路(C_{223}、L_{23})及平衡调制器 X23 检测。C_{223}、L_{23} 及 X23 等有关元件组成一个鉴频器。

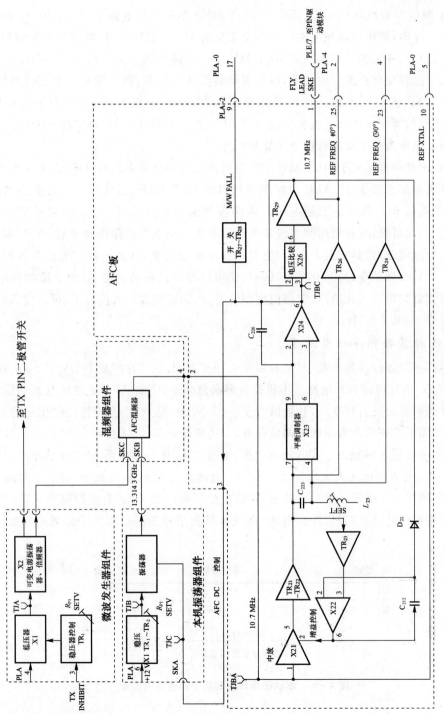

图 4-3 AFC详细电路图

AFC 中频信号加到由 C_{223}、L_{23} 组成的 10.7 MHz 串联谐振电路上。当 AFC 中频信号频率为 10.7 MHz 时,该串联谐振电路输出两个正交的 10.7 MHz 信号,并加到平衡调制器 X23 的输入端;当 AFC 中频信号频率偏离 10.7 MHz 时,这两个原来正交的 10.7 MHz 信号的相位发生变化。这种变化后的相位关系,由平衡调制器 X23 检测,随后输出一个直流电压(称为频率误差电压)。该电压正比于两个输入信号的相位差,即正比于 AFC 中频信号频率与 10.7 MHz 之间的频率差。该直流电压经 X24 积分放大后,成为 AFC 直流控制电压。

频率误差电压为什么要进行积分运算呢?

当 AFC 中频频率不等于 10.7 MHz 时,鉴频器输出一个频率误差电压,若不进行积分,直接去控制本机振荡器频率,使 AFC 中频频率趋向于 10.7 MHz,与此同时也将失去频率误差电压(即本机振荡器又会失去控制电压),振荡频率又会恢复原值,AFC 中频频率又不等于 10.7 MHz。由此可见,在直接用频率误差电压控制本机振荡器的振荡频率时,AFC 调整误差很大。为克服此问题,将频率误差电压,通过积分器积累起来,再去控制本机振荡器的振荡频率,这样在 AFC 中频频率趋向 10.7 MHz 时,仍可保存本机振荡器的 AFC 直流控制电压,从而保存频率调整结果。因此 AFC 电路使用积分器后,调整精度大大提高了,可以使 AFC 中频频率基本上等于 10.7 MHz。

3. 本机振荡器频率调整范围

如果本机振荡器振荡频率处于"发射频率+10.7 MHz"~"发射频率+10.7~90 MHz"的范围内时,AFC 电路可以自动地修正本机振荡器振荡频率,完成 AFC 电路的基本功能。若本机振荡器振荡频率比发射频率高,其数值大于 10.7 MHz,则 AFC 直流控制电压成为正电压,此时 AFC 电路不能完成正常的频率调整任务,上述情况如图 4-4 所示。AFC 直流控制电压为正值时,由比较器 X26 检测。X26 输出电压,通过 TR_{29} 及 D_{22},加到 AFC 中放增益控制电路输入端,AFC 增益控制电压大大增加,使 AFC 中放增益大大衰减,以致使 AFC 中放输出信号为零(即使鉴频器输入信号为零),结果使 AFC 积分器输出的 AFC 直流控制电压返回与本振频率低频端相对应的 AFC 直流控制电压(即使本机振荡器振荡频率处于低频端),如图 4-4 中的 A 点。

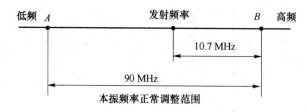

图 4-4 本机振荡器振荡频率调整范围示意

4. 10.7 MHz 正交信号的产生

若 AFC 中频频率等于 10.7 MHz，则在 LC 串联谐振电路上，产生两个正交的 10.7 MHz 信号，将此两个信号，经跟随器 TR_{24}、TR_{26} 输出就得两个正交的 10.7 MHz 信号，即 REF FREQ($0°$)、REF FREQ($+90°$)。

5. AFC 故障信号

① AFC 混频晶体故障信号 REF XTAL。AFC 混频晶体故障信号 REF XTAL 从 AFC 混频器输出端引出。当晶体电流不符合额定值时，REF XTAL 信号有效，指示出 AFC 混频晶体故障。

② 微波故障信号 M/W FALL：如果发射机或本机振荡器信号丢失，或 AFC 环路不能正确控制，使本来应等于 10.7 MHz 的 AFC 中频频率太低，AFC 直流控制电压维持在高电平。三极管 TR_{27}、TR_{28} 会检测上述情况，并输出一个高电平的 M/W FALL 故障信号。

4.3 AFC 电路说明

模拟组件 AFC 总电路图如附录图 4 所示。

4.3.1 AFC 中放及其增益控制电路

AFC 中放及增益控制有关电路如图 4-5 所示。

1. AFC 中放

在图 4-5 中，AFC 中放电路是 X21 及 TR_{21}、TR_{22}，X21 使用 1590G 芯片，这是一个宽频带放大器电路，其引脚功能图如图 4-6(a)所示。

来自 AFC 混频器的 AFC 中频信号加到 1590G 中放的 1 脚输入端，从 5 脚输出。引脚 2 为增益控制电压输入端，接 AFC 自动增益控制电路输出。当增益电阻为 5.6 kΩ，且增益控制电压为 5～8 V 变化时，增益衰减可从 0～60 dB，如图 4-6(b)所示。

AFC 中放输出信号通过二级跟随器 TR_{21}、TR_{22} 输出到鉴频器输入端。使用跟随器的目的是将 AFC 中放与鉴频器隔离开，避免 AFC 中放对鉴频器输入端的串联谐振电路产生影响。

2. AFC 自动增益控制电路

AFC 中放电路输出信号，除送到鉴频器输入端外，还送到 AFC 自动增益控制电路输入端。图 4-5 中，TR_{23}、D_{21} 及有关电阻电容构成整流电路，将 AFC 中频信号处理成一个大小与其振幅成正比的直流电压，加到放大器 X22 输入端。X22 使用 LM709G 芯片，其引脚如图 4-7 所示。它是一个运算放大器，连接成积分器电路。从 2、3 脚输入，从 6 脚输出，输出电压经 5.6 kΩ 电阻加到 X21 的增益控制端。

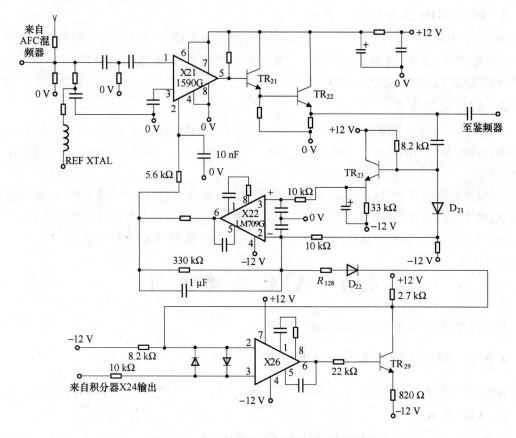

图 4 - 5　AFC 中放及增益控制有关原理电路

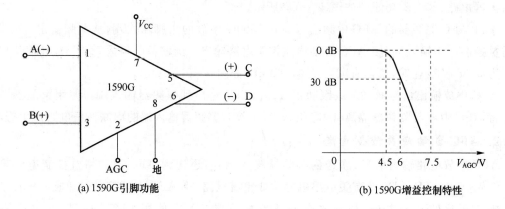

(a) 1590G引脚功能　　　　　　　　(b) 1590G增益控制特性

图 4 - 6　1590G 引脚及增益特性功能

3. 比较器 X26

图 4-5 中,AGC 电压积分器 X22 的 2 脚,通过一个电阻 R_{128} 及二极管 D_{22},连到比较器 X26 及三极管 TR_{29}。X26 比较器输入端连到 AFC 积分器 X24 输出。

在正常情况下,X24 输出电压为负,比较器 X26 输出电压也为负,三极管 TR_{29} 截止,其集电极输出一个正电压,使二极管 D_{22} 截止,此时 X26、TR_{29} 等电路对 AFC 自动增益控制电路无影响。

当本机振荡器频率比发射频率高出 10.7 MHz 时,AFC 积分器 X24 输出的 AFC 直流控制电压为"正",比较器 X26 输出也为一个正电压,三极管 TR_{29} 导通,其集电极电压为"负",二极管 D_{22} 导通,这就使 X22 的"—"输入端增加一个负输入电压,使 X22 输出一个较大的正电压,该较大的正电压使中放 X21 的增

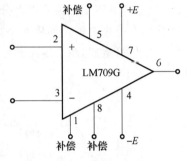

图 4-7 LM709 引脚功能

益衰减较大(见图 4-6(b)),使 AFC 中放输出信号,即鉴频器输入信号为零,AFC 积分器 X24 输出变为负电压,并对应本机振荡器频率的低频端,返回正常的 AFC 调整范围。

4.3.2 AFC 鉴频器

AFC 鉴频器电路如图 4-8 所示。

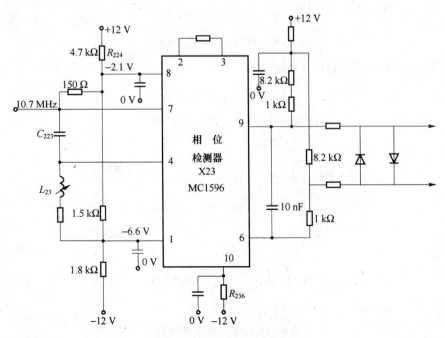

图 4-8 AFC 鉴频器原理电路

　　该鉴频器由串联 LC 谐振电路及相位检测器 X23 组成,下面主要介绍相位检测器结构。

　　X23 使用 MC1596 芯片,这是一个平衡调制器集成电路。MC1596 实际上是一个模拟乘法器电路,其用处很多,相位检测是其用途之一。MC1596 的内部原理电路如图 4 - 9 所示,该图中,上部是四个三极管的差分放大器,由两个标准差分管驱动,具有双恒流源,输出取自交叉连接的四个集电极。如将两个高电平输入信号加到两个输入端且频率相等时,MC1596 便是一个相位检测器,两个输出端之间的直流电压之差,正比于两个输入信号之间的相位差。

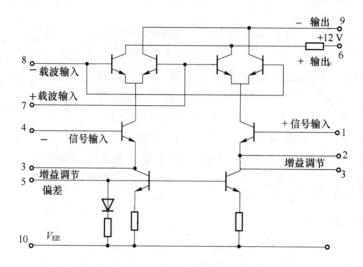

图 4 - 9　MC1596 内部原理电路

MC1596 的引脚功能图如图 4 - 10 所示。

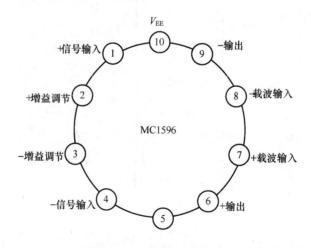

图 4 - 10　MC1596 引脚排列

由图 4－8 可见，载频输入端 8 脚及信号输入端 1 脚分别接一个电容器，使交流分量旁通入地，其上有一个直流电压。由于 10 脚接－12 V，所以 1、8 脚相对于恒流源发射极来说，总是处于"正"电位，对交流信号来说，相当于地电位。串联谐振电路输出的两个正交的 10.7 MHz信号加到载频输入端 7 脚及信号输入端 4 脚。9 与 6 脚之间输出的直流电压差，正比于 7、4脚输入信号的相位差，也即正比于 AFC 中频频率与 10.7 MHz 之间的频率差。

4.3.3　积分放大器

鉴相器的两个直流电压加到积分放大器 X24 输入端，首先进行相减，产生表示频率差的误差电压，然后进行积分，产生 AFC 直流控制电压。

积分放大器 X24 电路如图 4－11 所示。X24 使用 LM709 芯片，它是一个运算放大器集成电路。MC1596 的两个输出端经滤波后加到 LM709 的"＋"、"－"输入端，完成相减任务。

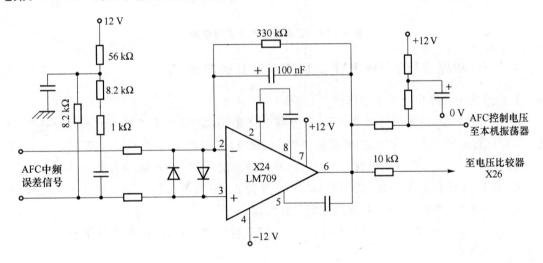

图 4－11　积分放大器原理电路

4.3.4　基准信号产生

所谓基准信号是指 REF FREQ（0°）及 REF FREQ（＋90°）两个信号，其原理电路如图 4－12 所示。

当 AFC 中频频率为 10.7 MHz 时，L_{23}、C_{223} 组成的串联谐振电路，在该谐振电路最上端信号相位为 0°，而电容器上电压落后 90°，电感上电压超前 90°，所以，如图 4－12 所示电路，在谐振时输出的两个信号相位差为 90°，即正交。

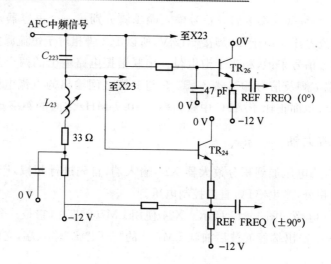

图 4 - 12　基准信号产生原理电路

4.3.5　故障信号 M/W FALL、REF FALL 的产生

产生这两个故障信号的电路如图 4 - 13(a)、(b)所示。

图 4 - 13(a)中，输入信号来自 AFC 积分器 X24 输出端(AFC 直流控制电压)。在正常情况下，AFC 直流控制电压为"负"，因此二极管 D_{27} 导通，三极管 TR_{27} 导通，在电阻 R_{259} 上，产生一个正的电压，该正电压使三极管 TR_{28} 导通，所以输出信号 M/W FALL 为低电平。

在 AFC 电压不正常时为"正"值，D_{27} 二极管截止，三极管 TR_{27}、TR_{28} 截止，所以 M/W FALL 为高电平，表示 AFC 环路或微波信号源故障。

在图 4 - 13(b)中，REF FALL 信号直接从 AFC 混频器输出，其电平直接指示 AFC 混频晶体的工作状态。

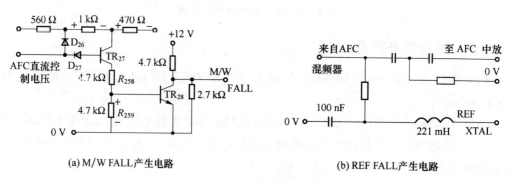

(a) M/W FALL产生电路　　　　　(b) REF FALL产生电路

图 4 - 13　M/F 和 REF 产生电路

第 5 章　载波变换电路

5.1　载波变换电路功能

载波变换电路功能示意图如图 5-1 所示。

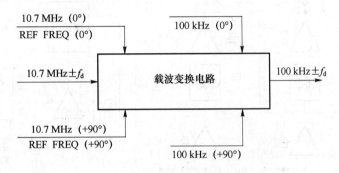

图 5-1　载波变换电路功能示意图

载波变换电路使用来自 AFC 电路输出的两个正交的基准信号,即 REF 为 10.7 MHz(0°)及 REF 为 10.7 MHz($\pm 90°$),解调中频放大器输出的中频多普勒频谱信号(10.7 MHz$\pm f_d$),产生两个正交的纯多普勒频谱信号,然后使用来自定时器电路的 100 kHz(0°)及 100 kHz($\pm 90°$)频率调制纯多普勒频谱信号,产生 100 kHz$\pm f_d$ 多普勒频谱信号,送往频率跟踪器。

5.2　载波变换电路方块图

收发之间剩余耦合的结果是:在信号混频器中,产生一个虚假的 10.7 MHz 中频频率 ω_{IF} 信号。载波变换电路就是消除 ω_{IF} 的电路,并且将多普勒频率 f_d(保留原有数值及 $+/-$ 符号)调制到较低的 100 kHz 频率上,载波变换电路方块方框图示于图 5-2 中。

图 5-2 中主要有四部分电路,解调器、多路开关、调制器及相加放大电路。

从结构上看,载波变换电路有上下两个通道,分别进行正交的信号处理,然后将处理结果相加,输出 100 kHz$\pm f_d$ 信号,这是保留 f_d 原有数值及 $+/-$ 符号所必需的。

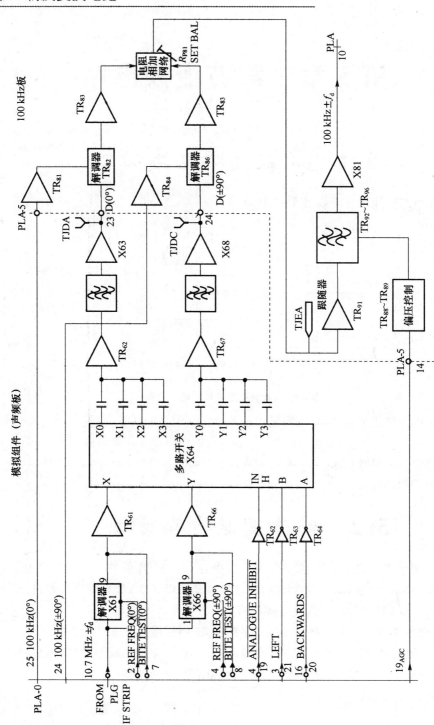

图 5 - 2　载波变换电路方框图

5.2.1 解调器 X61、X66

中放板输出的 $10.7\,\text{MHz}\pm f_\text{d}$ 中频多普勒频谱信号,同时加到上下两个解调器 X61、X66 的输入端,设其表达式为

$$U_\text{S}=U_\text{m}\cos\,(\omega_\text{IF}\pm\Omega_\text{d})t$$

X61、X66 输入端,分别加有来自 AFC 电路的正交的 $10.7\,\text{MHz}$ 中频基准信号。

加到 X61 输入端的基准信号为

$$U_\text{REF1}=U_\text{mr}\cos\,\omega_\text{IF}t$$

加到 X66 输入端的基准信号为

$$U_\text{REF2}=U_\text{mr}\cos\,(\omega_\text{IF}t+90°)$$

U_S 与 U_REF1 在 X61 中进行差频处理,U_S 与 U_REF2 在 X66 中进行差频处理,经滤波后,各自取出一个纯多普勒信号,它们在相位上相差 90°。

X61 输出信号为 $\qquad U_\text{d1}=U_\text{md}\cos\,\Omega_\text{d}t$

X66 输出信号为 $\qquad U_\text{d2}=U_\text{md}\cos\,(\Omega_\text{d}t\pm90°)$

上式中 +/- 符号,取决于中频信号是 $\omega_\text{IF}+\Omega_\text{d}$ 还是 $\omega_\text{IF}-\Omega_\text{d}$,若取前者,则上式中应取"-"。

5.2.2 多路开关 X64 的作用

解调器 X61、X66 的两个输出信号分别经跟随器 TR_{61}、TR_{66} 加到多路开关 X64 输入端。多路开关 X64 有两个作用:

① 每个波束开始的 $6.8\,\text{ms}$ 期间($\overline{\text{AN INHIBIT}}=0$),禁止解调器输出信号加到下一级,以便在波束转换后,允许中频信号有一个建立时间。

② 在"BACK"、"LEFT"波束转换信号控制下,把每个波束工作期间的解调器输出信号,通过一个可选择的电容器,依次送到后级放大器及有源滤波器输入端。这个可选择的电容器起直流电平存储作用,以便保留解调器输出对应于每个波束的直流电平,以免由于不同直流电平使各波束中的多普勒频率产生附加频率分量。

5.2.3 100 kHz 副载波的加入

对两个正交的纯多普勒频谱信号,在上下通道中进行放大及滤波后(X62/X67、X63/X68)被送到两个调制解调器 TR_{82} 及 TR_{86} 上(在 100 kHz 放大器板上)。这两个调制解调器同时接收来自定时电路的正交的 100 kHz 副载波信号。设这两个副载波信号表达式为

$$U_\text{L1}=U_\text{mL}\cos\,\omega_\text{L}t,\quad U_\text{L2}=U_\text{mL}\cos\,(\omega_\text{L}t+90°)$$

正交的频谱信号 U_d1、U_d2 与上述 U_L1、U_L2 在调制器 TR_{82} 及 TR_{86} 中产生差频信号及和频信号。

U_d1 与 U_L1 在 TR_{82} 中产生电压为

$$U_{1差}=U_{m差}\cos\,(\omega_\text{L}-\Omega_\text{d})t,\quad U_{1和}=U_{m和}\cos\,(\omega_\text{L}+\Omega_\text{d})t$$

U_{d2} 与 U_{L2} 在 TR_{86} 中产生电压为

$$U_{2差} = U_{m差} \cos\left[(\omega_L - \Omega_d)t + 180°\right], \quad U_{2和} = U_{m和} \cos\left[(\omega_L + \Omega_d)t\right]$$

5.2.4　相加网络及滤波放大

上下两个调制器的输出信号,分别通过跟随器 TR_{83}、TR_{87} 加到一个电阻相加网络上。如上式所示,$U_{1差}$ 与 $U_{2差}$ 反相,相加时相互抵消。而和频信号 $U_{1和}$ 与 $U_{2和}$ 同相,相加后输出,所以相加网络输出信号为

$$U_L = U_{Lm} \cos(\omega_L + \Omega_d)t$$

若中频多普勒频谱信号为 $\qquad U_S = U_{Sm} \cos(\omega_{IF} - \Omega_d)t$

则相加电路输出信号为 $\qquad U_L = U_{Lm} \cos(\omega_L - \Omega_d)t$

由此可见,载波变换电路输出信号是调制在固定频率 100 kHz 上的多普勒频谱信号,它与 ω_{IF}(10.7 MHz)频率无关,却完成了频率变换工作。

载波变换后的中心频率为 100 kHz $\pm f_d$ 的多普勒频谱信号,通过放大滤波后,送到频率跟踪器输入端。

5.2.5　其他电路

1. AGC 电压的控制

来自雷达微机的 AGC 电压,经过偏压控制电路 TR_{88}、TR_{89} 加到放大器 $TR_{92} \sim TR_{96}$ 上,以控制其增益,使输送到频率跟踪器的信号振幅基本恒定。100 kHz 放大器的增益范围与接收机中的中放增益控制范围不同,其数值如图 5 - 3 所示。

2. 内部测试

在内部测试方式,由内部测试设备产生的两个正交的测试信号[BITE TEST(0°)和 BITETEST(±90°)]分别送入射极跟随器 TR_{61} 及 TR_{66} 输入端,替代中频信号。后续电路对它们进行正常的处理,测试的详细情况见第 8 章。

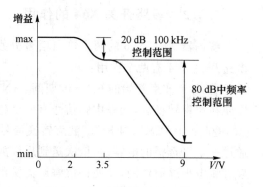

图 5 - 3　典型 AGC 特性

5.3　载波电路说明

载波变换电路分布在"声频板"及"100 kHz 板"上。

5.3.1　声频板

模拟组件声频板上的频率变换电路如附录图 5 所示。

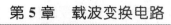

声频板电路可分三部分:解调器、多路开关及带通有源滤波器。

1. 解调器

这里有上下两个解调器,X61、X66。X61 的输入是 10.7 MHz$\pm f_d$ 中频多普勒频谱信号及来自 AFC 电路的 10.7 MHz(0°)AFC 中频信号。X66 的输入信号是 10.7 MHz$\pm f_d$ 中频多普勒频谱信号及来自 AFC 的 10.7 MHz(+90°)AFC 中频信号。在 X61、X66 输入端同时加有中放输出的 10.7 MHz$\pm f_d$ 剩余耦合信号,它夹杂在正常 10.7 MHz$\pm f_d$ 中频信号中。两个电路在结构上完全相同。由于输入的 AFC 中频信号,在相位上相差 90°,所以输出信号在相位上也差 90°,除此以外毫无差别。

解调器电路如图 5-4 所示。

解调器 X61/X66 使用 MC1596 芯片。关于 MC1596 芯片的基本情况已在第 4 章做了说明,在本章中,MC1596 做平衡混频器。在 MC1596 中,对输入信号进行差频处理,只取出多普勒频谱信号,消除 10.7 MHz 载频。

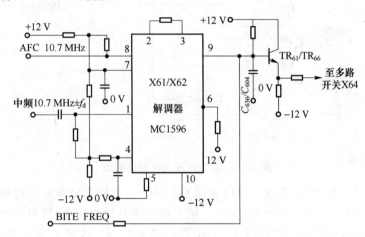

图 5-4　解调器电路原理

由图 5-4 可见,加到 8 脚(载频输入端)输入端的 AFC 10.7 MHz 信号,作该平衡混频器的本机振荡信号,而中频多普勒信号加在信号输入端 1 脚。另一个载波输入端 7 脚及另一个信号输入端 4 脚,接一个直流电平,其上接有高频旁路电容,所以,此两脚交流接地。在 9 脚输出,在该脚接电容器 C_{604}/C_{636},对高频分量起滤波作用。所以,MC1596 只输出处于声频范围的多普勒频谱信号。

X61/X66 的输出信号经射极跟随器 TR_{61}/TR_{66} 送到多路开关输入端。

在测试方式时,测试信号加在射极跟随器输入端。

2. 多路开关 X64

多路开关 X64 的作用已如前述,其电路如图 5-5 所示。X64 使用 CD4502 芯片,它是一个多路模拟开关,在 A_0、A_1 端信号的控制下,将输入信号依次送到四个输出通路之一中。A_0 接 $\overline{LEFT}$(为 LEFT 的反相信号),A_1 接 $\overline{BACK}$(为 BACK 的反相信号)。

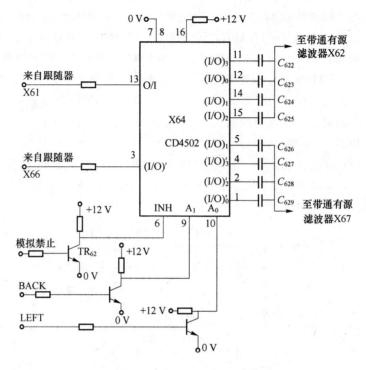

图 5-5 多路开关 X64 原理电路

X64 的两组八个输出端,各接一个电容器 $C_{622} \sim C_{629}$,与四个波束相对应的输入信号通过各自的电容器输出(电容器作用已如前述)。输入输出关系较为简单,这里不再说明。应指出的是:6 脚 INH 端接"模拟禁止"($\overline{AN\ INHIBIT}$)的反相信号。在每个波束开始的 6.8 ms 期间,"模拟禁止"信号为低电平,其反相后的信号为高电平,使 INH 为高电平,此时禁止输入信号通过 X64。在 6.8 ms 以后的每个波束工作期间,"模拟禁止"信号为高电平,三极管 TR_{62} 导通,INH=0,X64 开启,允许输入信号按规定输出。

3. 有源滤波放大器

有源滤波放大器有上下两套,X62/X67 及 X63/X68,其结构相同,其原理电路如图 5-6 所示。

图中 X62/X67、X63/X68 都使用 LM709 芯片,该芯片是运算放大器,引脚功能图如上节所述。图 5-6 中,电容器 C_{630}、C_{635}、C_{643} 起到高频分量通过和滤除低频分量的作用。而电容 C_{637}、C_{640}、C_{650}、C_{648} 起到低频分量通过和滤除高频分量的作用。此类滤波器是在放大器 X62/X67、X63/X68 的放大作用下进行滤波和滤波效果较好,所以上述滤波器实际上为有源带通滤波器。该滤波器通频带为 50 Hz～10 kHz,即禁止 50 Hz 以下、10 kHz 以上的频率信号通过。

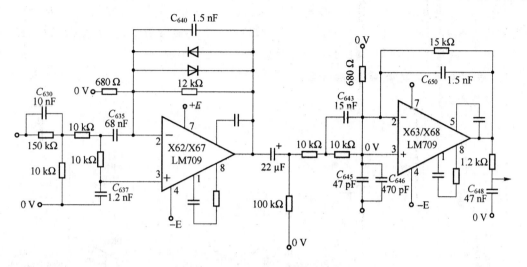

图 5-6 有源滤波放大器原理电路

5.3.2 100 kHz 板

模拟组件 100 kHz 板电路如附录图 6 所示。

100 kHz 板上有 100 kHz 调制器、电阻相加网络和有源滤波器三部分。

1. 100 kHz 调制器

由声频板输出的多普勒频谱信号加到 100 kHz 调制器上,产生 100 kHz$\pm f_d$ 多普勒频谱信号。100 kHz 调制器也有上下两套,TR_{81}、TR_{84} 及 TR_{82}、TR_{86},它们结构相同,其原理电路如图 5-7 所示。

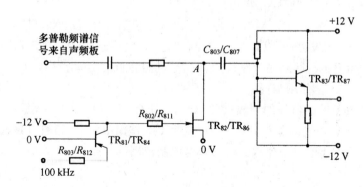

图 5-7 100 kHz 调制器原理电路

图 5-7 中,TR_{82}/TR_{86} 是场效应管,起开关作用。当 TR_{82}/TR_{86} 导通时,图中 A 点到地旁

路,无信号输出;当其截止时,多普勒信号通过 A 点,经跟随器输出。

TR_{82}/TR_{86} 的开与关,由 100 kHz 信号控制。100 kHz 信号经三极管 TR_{81}/TR_{84} 后加到场效应管栅极。在 100 kHz 信号调制后,A 点信号具有各种频率分量,其中包括 100 kHz 与多普勒频谱的和频及差额信号,这些信号在电阻相加网络上相加。

2. 电阻相加网络及有源滤波器

这部分原理图如图 5-8 所示。

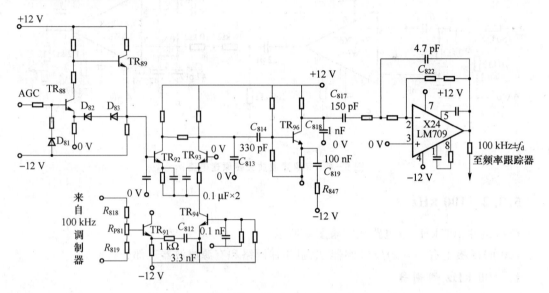

图 5-8　电阻相加网络及有源滤波器电路图

图 5-8 中,R_{818}、R_{P81}、R_{819} 是电阻相加网络,它将来自上下两个 100 kHz 调制器的输出信号相加,取出和频信号或差频信号,再由跟随器 TR_{91} 输出。

跟随器输出信号通过一个电阻及电容 C_{812} 送到三极管 TR_{94} 放大。TR_{94} 的集电极连到差分结构的 TR_{92}、TR_{93} 的发射极。TR_{92} 用来控制增益,TR_{93} 用于输出。放大后的信号加到三极管 TR_{96} 的基极。电容 C_{813} 起高频旁路作用,C_{814} 起到阻止低频分量作用,而 C_{819} 起低频滤波作用。C_{818}、C_{817} 与 C_{814}、C_{813} 作用类同。

经 TR_{96} 滤波放大后的信号加到放大器 X81,X81 使用 LM709 芯片,是一个运算放大器,其作用除放大外,还进一步滤除高频分量(在电容 C_{822} 作用下)。三极管 TR_{88}、TR_{89} 将来自雷达微机的 AGC 信号,处理成适合本电路的增益控制范围的电压。

第6章 频率跟踪器

6.1 频率跟踪器功能

频率跟踪器用来提取及跟踪每个波束的 $100\,\text{kHz}\pm f_\text{d}$ 多普勒频谱的中心频率,在相应的跟踪周期上,雷达微机对这个中心频率进行计数,计数值存储到雷达微机中,用于计算各轴向速度分量。

6.2 频率跟踪器方块图

频率跟踪器方块图如图 6-1 所示。

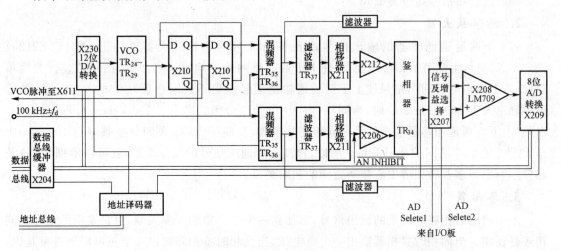

图 6-1 频率跟踪器方块图

在图 6-1 中,有一个压控振荡器 VCO 及四分频器,频率跟踪的方法是改变 VCO 频率使其四分频后的频率等于多普勒频谱的中心频率,即 VCO 经四分频后的频率就是多普勒频谱的中心频率。因此需要一个鉴别 VCO 后的四分频频率是否等于多普勒信号频谱中心频率的电路,并产生一个能控制 VCO 频率变化的 VCO 频率控制电压。该电路称为频率鉴别电路,它由图 6-1 中的混频器、滤波器、相移器及鉴相器组成。它们的输出信号是一个表示 VCO 后的四分频频率与多普勒频谱中心频率间的频率误差的直流电压,当该频率误差电压为零时,表示 VCO 后的四分频频率等于多普勒频谱中心频率,否则不等。

　　频率误差电压经放大、模数变换后,输入雷达微机。经雷达微机进行积分处理,再进行数模变换后,产生 VCO 频率控制电压,控制 VCO,使其四分频后的频率向着多普勒频谱中心频率的方向变化,直到相等为止。

　　下面对图 6-1 中的各方块图的作用及工作情况作一说明。

6.2.1　频率鉴别电路

　　频率鉴别电路是由双通道的混频器、滤波器、相移器及一个鉴相器等电路组成。

1. 混频器

　　载波变换电路输出的 $100\ \text{kHz}\pm f_\text{d}$ 多普勒频谱信号进入频率跟踪器后,首先加到两个混频器(TR_{30}、TR_{31})/(TR_{35}、TR_{36})上,这两个混频器还同时加有 VCO 频率经四分频后的两个正交信号。混频器后的低通滤波器取出混频后的差频信号。

　　由于 VCO 通过四分频器送给上下两个混频器的输入信号是正交的,所以上下低通滤波器的输出信号也是正交的。图 6-1 中,若上通道低通滤波器输出信号的相位为零,则下通道低通滤波器输出信号相位为 $\pm 90°$。

2. 相移放大器

　　将上下两通道滤波器的输出信号加到各自通道的相移放大器电路上(X211、X212)/(X205、X206),由此两个相移放大器,使上下两通道的信号相位又增加 $90°$ 的相位差。为简单起见,若上通道迟后 $90°$,结果使上下两通道输出信号相位不是同相就是反相。当 VCO 及四分频频率大于 $100\ \text{kHz}\pm f_\text{d}$ 时,为同相;当 VCO 及四分频频率小于 $100\ \text{kHz}\pm f_\text{d}$ 时,为反相。因此,上下两通道相移器输出信号是同相还是反相,反映了 VCO 及四分频频率与 $100\ \text{kHz}\pm f_\text{d}$ 频谱中心频率之间的相对关系。所以,检测这两通道信号的相位关系,就可以鉴别 VCO 及四分频频率与多普勒频谱中心频率之间的相对关系。

3. 鉴相器

　　上下两通道相移放大后的输出信号,都加到一个相位鉴别器输入端,由它鉴别两信号是同相还是反相。当同相时鉴相器输出一个负电压,当反相时鉴相器输出一个正电压。这就是说,当 VCO 及四分频频率等于 $100\ \text{kHz}\pm f_\text{d}$ 频谱中心频率时,正负鉴别电压平衡,并输出零直流电压。当 VCO 及四分频频率不在 $100\ \text{kHz}\pm f_\text{d}$ 频谱中心频率时,鉴相器输出不平衡,输出正电压 $+V_\text{e}$ 或负电压 $-V_\text{e}$。

6.2.2　VCO 控制电压的产生

　　鉴频器电路鉴别出 VCO 及四分频频率与 $100\ \text{kHz}\pm f_\text{d}$ 频谱中心频率之间的相对关系,并用 $+V_\text{e}$ 或 $-V_\text{e}$ 来表示这一关系。现在的问题是如何使用 $+V_\text{e}$ 或 $-V_\text{e}$ 电压去控制 VCO 的频率,使其四分频频率向着 $100\ \text{kHz} \pm f_\text{d}$ 频谱中心频率方向变化,这就需要将 $+V_\text{e}$ 或 $-V_\text{e}$ 电压变为 VCO 控制电压。

雷达微机通过模拟选择器 X207、放大器 X208 和八位 A/D 转换器 X209,每 $850\ \mu\text{s}$ 对鉴相器输出信号进行一次取样。

微处理器对取样电压进行积分计算,并调整雷达微机内的 12 位数字 VCO 控制信号。这个 12 位数字的 VCO 控制信号,由数模转换器 X203 转换成模拟电压,作为 VCO 的<u>直流</u>控制电压。

6.2.3　压控振荡器频率的控制

在 VCO 控制电压作用下,改变 VCO 的振荡频率,使其四分频后的频率等于 $100\ \text{kHz} \pm f_\text{d}$ 多普勒频谱的中心频率,并使 VCO 频率跟踪多普勒频谱中心频率。该 VCO 频率由雷达微机中的 X611(PTM)计数,并由微处理器存入存储器中。

应当指出,对鉴相器输出电压的取样、软件积分、数字式 VCO 控制信号的调整等应在各束波束工作期间进行,都由雷达微机统一处理及保存,所以,虽有四个波束信号,但只需一个频率跟踪器依次分时跟踪即可。

6.2.4　直升机地速的解算

由上分析可知,雷达微机是频率跟踪器电路不可分割的组成部分。在频率跟踪过程中,在雷达微机内已存有四个波束的多普勒频率值,雷达微机就根据这些数据,计算出直升机在三个轴向的速度分量。

6.3　频率跟踪器电路说明

速度处理组件(频率跟踪器)电路图如附录图 7 所示。

附录图 7 中,只画出了雷达微机以外的频率跟踪器电路,这些电路组成一个"跟踪板"。该跟踪板通过数据总线、地址总线及若干控制线与雷达微机进行通信。跟踪器板上的各个电路之间的关系已如上述,下面对每个电路作一简单说明。

6.3.1　混频器和低通滤波器

在附录图 7 中,有上下两套混频器,即 TR_{30}、TR_{31} 及 TR_{35}、TR_{36}。本振信号来自 VCO 经四分频,使得上下两套混频器的本振信号在相位上相差 $90°$。除此以外,这两个混频器的电路结构完全相同。

混频器及其低通滤波器电路如图 6 - 2 所示。以上通道为例,VCO 经四分频信号作为混频器的本振信号加在三极管 TR_{30} 的基极。在该信号的正半周,三极管 TR_{30} 导通,集电极电压接近于零,三极管 TR_{31} 截止,于是 $100\ kHz\pm f_d$ 信号可顺利加到下级低通滤波器。当 VCO 经四分频信号,当该信号为负半周时,三极管 TR_{30} 截止,集电极电压为 $+12\ V$,于是三极管 TR_{31} 导通,所以 $100\ kHz\pm f_d$ 信号旁路入地,不能进入下级滤波器中。

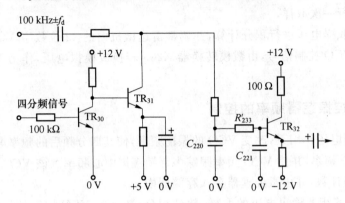

图 6 - 2　混频器及低通滤波器原理电路

也就是说,TR_{30}、TR_{31} 在本振信号控制下,对 $100\ kHz\pm f_d$ 信号呈现一个非线性阻抗,从而产生新的频率分量,即和频、差频及其他高次谐波。

混频器输出的各种频率分量,经跟在其后的 π 型 RC 滤波器,滤除高频分量,只输出差频分量,滤波后的信号由跟随器 TR_{32} 输出。

6.3.2　相移电路

在附录图 7 中,相移电路也有上下两个,其电路原理如图 6 - 3 的(a)和图(b)所示。

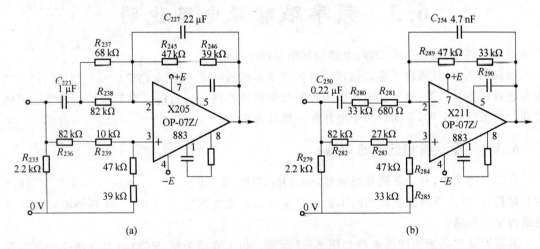

(a)　　　　　　　　　　　　　　　(b)

图 6 - 3　相移原理电路

比较图 6-3 中(a)与图(b)可见,两电路结构相同,只是电阻电容数值不同。这表明两个相移器移相数值不同,目的在于使加到其输入端的两个信号再增加 90°的相位差。

这两个移相电路是典型的二阶移相滤波器,只进行相移,其增益为常数($K \approx 1$)。在图(a)电路中,移相数值由 C_{223}、($R_{238}//R_{237}$)、C_{227}、($R_{245}+R_{246}$)决定;在图(b)电路中由 C_{250}、($R_{280}+R_{281}$)、C_{254}、($R_{289}+R_{290}$)决定。

X205、X211 使用 OP-07Z/883 芯片,这是一个运算放大器集成电路。

6.3.3 放大器

两个相移器后各跟一个低通放大器,其电路如图 6-4(a)和(b)所示。图中,X206 及 X212 也使用 OP-07Z/883 芯片。

图 6-4(b)是一个典型的低通滤波放大器,在通频带内,放大倍数为 10 倍,并进一步滤除无用的高频分量。

图 6-4(a)电路有两个作用:

① 将移相后的信号处理成方波信号,用作后级鉴相器的开关信号。

② 接受"模拟禁止"信号的控制,在"模拟禁止"信号无效(高电平)时,三极管 TR_{38} 导通,三极管 TR_{33} 截止,使 X206 的 3 脚处于零电平,X206 将按 2 脚输入信号的变化,反相地输出开关信号。

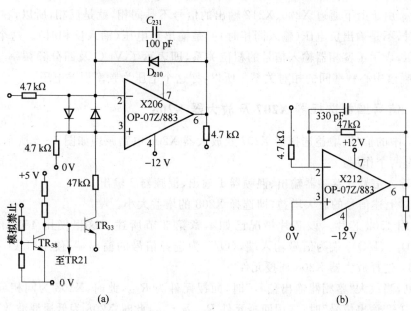

图 6-4 低通放大器原理电路

当"模拟禁止"信号有效（低电平），TR_{38} 截止，而 TR_{33} 导通，于是在 X206 的 3 脚产生一个正电压。该电压使 X206 输出始终为"0"电平（D_{210} 导通），无开关信号输出，从而使后级鉴相器停止工作。

在正常工作期间，3 脚无外加信号，通过 $4.7\ \text{k}\Omega$ 电阻接 0 V，2 脚接移相器的输出端。当 2 脚输入信号为负半周时，二极管 D_{210} 导通，使输出处于 0 V 左右的电平；当 2 脚输入处于正半周时，D_{210} 断开，X206 相当于时间常数很小的积分器，电容器 C_{231} 很快充电，输出很快变为负电平。所以，X206 输出为一个钳位在大约为零电平的负脉冲。

6.3.4　鉴相器

附录图 8 中的鉴相器是一个场效应管，其原理电路如图 6-5 所示。

图中，TR_{34} 使用 2N3823 场效应管，它是一个 N 沟道结型场效应管。TR_{34} 栅极 G 接 X206 输出信号，当 X206 输出为 0 时，$U_{GS} > -E_{GS0}$，则场效应管 DS 极间导通；当 X206 输出为负脉冲时，$U_{GS} < -E_{GS0}$，场效应管截止，（$-E_{GS0}$ 为栅源间截止电压）。TR_{34} 导通时使来自 X212 的信号旁通入地；TR_{34} 截止时，使来自 X212 的信号加到开关选择器

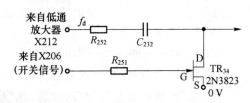

图 6-5　鉴相器原理电路

X207 输入端。由于上下通道 X206、X212 输出的信号不是同相，就是反相，所以，在 TR_{34} 以上述方式工作时，不是输出负电压（输入同相时）就是输出正电压（输入反相时）。这个鉴相器的正负输出电压，表示了鉴相器输入信号的相位关系，即表示了 VCO 及四分频频率与 100 kHz $\pm f_d$ 多普勒频谱中心频率间的相对关系。所以，称这个电压为频率误差电压。

6.3.5　信号增益选择器 X207 及放大器 X208

附录图 7 中的信号、增益选择器 X207 及放大器 X208 电路原理如图 6-6 所示。
该电路有两个作用：
① 选择输入信号　鉴频器输出、混频器 1 输出、混频器 2 输出。
② 选择对上述信号的放大增益，即选择 X208 的增益大小。

X207 选用 4502 芯片。该芯片情况已如本章第 3 节所述。这里使用 4502 的 $(I/O)_0$、$(I/O)_1$、$(I/O)_2$、$(I/O)_3$ 端为信号输入端，(O/I) 为选择信号的输出端；使用 $(I/O)_0'$、$(I/O)_1'$、$(I/O)_2'$、$(I/O)_3'$ 选择放大器 X208 回授元件。

由图可见，当放大"鉴相器输出信号"时，回授元件为 R_{264}，此时，X208 为同相放大器。当放大"混频器 1/2 输出信号"时，选用回授元件 R_{263} 及 C_{239}，此时 X208 为低通滤波放大器。

X207 的地址信号 A_0、A_1 由雷达微机输出的 ADselect1、ADselect2 信号控制。由于 X208 输出端接到 AD 转换器输入端，所以，X207 选择的输出信号实际是 AD 转换的信号。

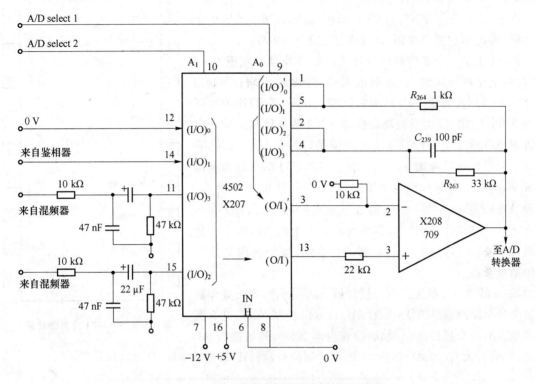

图6-6 信号、增益选择及放大器 X208 电路

因此,X207 实际上是选择输入信号的 AD 转换次序,这个次序如表6-1所列。

表6-1 AD 的转换次序

AD 选择 1(A_0)	AD 选择 2(A_1)	回授元件	AD 转换信号(X208 输出信号)
0	0	R_{264}	0 V
0	1	R_{264}	鉴相器输出信号
1	0	R_{263}、C_{239}	混频器 TR_{35}、TR_{36} 输出信号
1	1	R_{263}、C_{239}	混频器 TR_{30}、TR_{31} 输出信号

顺便指出,混频器 TR_{35}、TR_{36} 及混频器 TR_{30}、TR_{31} 输出信号,在输入雷达微机后,用来产生 AGC 电压。

6.3.6 ADC 转换器 X209

ADC 转换器 X209 的作用是将增益选择电路的输出信号转换成数字信号,然后输入微处理器。X209 使用 ZN447J 芯片。

图 6-7 给出了 ZN447J 的引脚功能图,图 6-8 给出了 ZN447J 的内部功能方块图,连接电路如图 6-9 所示。

ZN447J 是一个 8 位逐次逼近式 AD 转换器。在图 6-9 中,模拟电压从 6 脚输入,接到放大器 X208 输出端;ZN447J 的 4 脚为"写"控制信号,2 脚为"读"控制信号,它们接地址译码器 X20L 输出,即由微处理器控制 X209 的 AD 转换的开启及读取 AD 转换结果;ZN447J 的 3 脚接时钟信号输入端,它接收来自微处理器板的 400 kHz 信号;ZN447J 的 7 脚为基准电源 V_{REF} 输入,通过一个电阻接 +5 V;ZN447J 的 1 脚接 AD 转换状态信息,若 $\overline{BUSY}=0$,则表示正在转换中;若 $\overline{BUSY}=1$,表示转换结束。该信息接到微处理器板上的 X612,由雷达微机检测;ZN447J 的 11~18 脚为数据线,接附录图 7 跟踪板的数据总线。

X209 的 AD 转换工作应与选择器 X207 配合,当微处理器通过 I/O 板输出信号 AD select1、AD select2 控制 X207,并有选择性地输出一个模拟电压时,应接着启动 X209,开始进行 AD 转换,并检测 X209 的 AD 转换"$\overline{BUSY}$"状态信号,当 AD 转换结束时,读取转换结果。

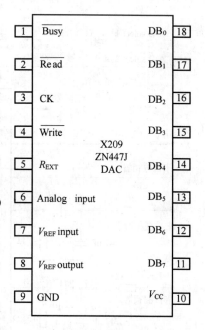

图 6-7 ZN447J 的引脚功能

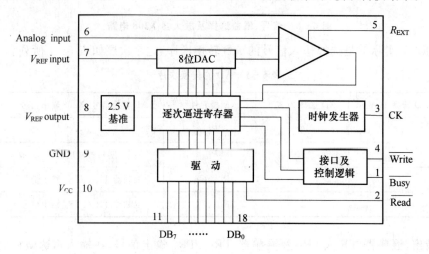

图 6-8 ZN447J 内部功能方框

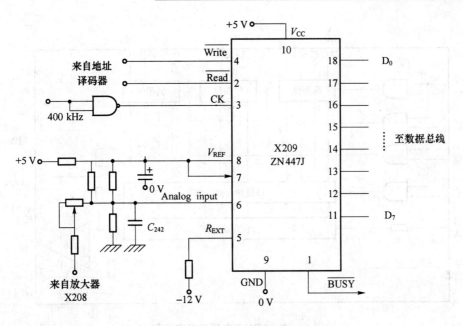

图 6-9　ZN447J 电路的连接

6.3.7　DAC 转换器 X203

微处理器将来自 X209 转换而来的频率误差电压进行积分计算,处理成 12 位 VCO 控制信号,并由微处理器送到 X203 进行数模转换,变成直流控制电压去控制 VCO 的频率。

X203 使用 AD667 芯片,它是一个 12 位 DA 转换器,引脚功能如图 6-10 所示,内部功能框图如图 6-11 所示。

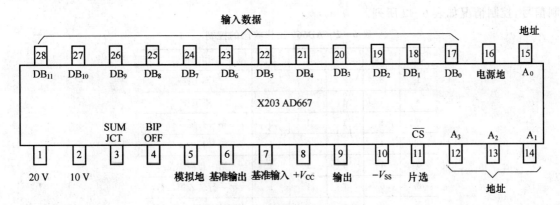

图 6-10　AD667 引脚功能图

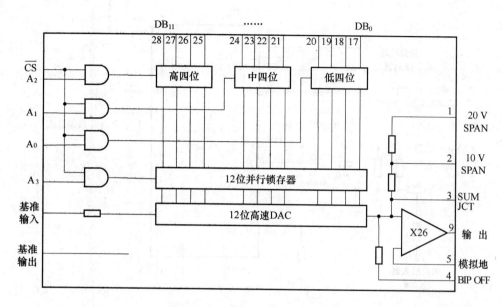

图 6 - 11 AD667 内部功能方块图

由图 6 - 11 可见,1、2、3、4、5、9 均为模拟电压的引脚,用来决定输出电压范围并输出模拟电压。

AD667 内部有一个基准源产生电路,产生的基准电压从 6 脚输出,从 7 脚输入到 12 位高速 DAC 电路上。

AD667 内部有两个 12 位数据锁存器,第一个分三个 4 位寄存器,一旦第一个 12 位寄存器装满数据,则可以将数据装入第二个 12 位锁存器。

这些锁存器的工作由地址线 A_0、A_1、A_2、A_3 及片选端 $\overline{CS}$ 控制,它们都是低电平有效的控制信号,控制情况如表 6 - 2 所列。

表 6 - 2 AD667 工作状态的控制

$\overline{CS}$	A_3	A_2	A_1	A_0	工作寄存器
1	×	×	×	×	不工作
×	1	1	1	1	不工作
0	1	1	1	0	第一行低 4 位
0	1	1	0	1	第一行中 4 位
0	1	0	1	1	第一行高 4 位
0	0	1	1	1	第一行装入第二行
0	0	0	0	0	所有锁存器全部送数

AD667 有 12 位数据输入线（$DB_0 \sim DB_{11}$），可以与 8 位数据微处理器连接，连接方法有两种：

①"左边取齐 8 位数据接口" 采用这种方法时，AD667 的 $DB_4 \sim DB_{11}$ 连到微处理器数据总线的 $D_0 \sim D_7$ 位，而 AD667 的 $DB_0 \sim DB_3$ 连到微处理器的 $D_4 \sim D_7$ 位上。在附录图 8 中，使用这种连接方法。

②"右边取齐 8 位数据接口" AD667 的 $DB_0 \sim DB_7$ 连到微处理器数据总线的 $D_0 \sim D_7$ 位，而 AD667 的 $DB_8 \sim DB_{11}$ 连到微处理器数据总线的 $D_0 \sim D_3$ 位上。

在附录图 7 所示频率跟踪器电路中，AD667 的连接电路如图 6-12 所示。

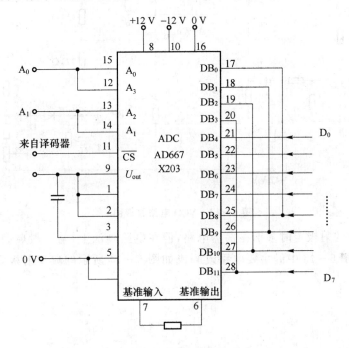

图 6-12 AD667 的连接电路

图 6-12 中数据线的连接为左边取齐结构。AD667 地址线 A_0、A_3 一起连到微处理器的地址线 A_0；AD667 的地址线 A_1、A_2 一起连到微处理器的地址线 A_1。片选端 $\overline{CS}$ 接到地址译码器 X201 的输出端。当微处理器地址线 $A_1 = 0$ 时，AD667 的 $A_1 = A_2 = 0$，AD667 的第一行中的"中四位"、"高四位"可装入数据，即 $DB_4 \sim DB_{11}$。当微处理器地址线 $A_0 = 0$ 时，AD667 的 $A_0 = A_3 = 0$，装入第一行"低四位"。然后再将第一行寄存器中数据装入第二行锁存器中。

此后 12 位高速 DAC 转换器将第二行锁存器中数据转换成模拟电压输出。

从 AD667 的 9 脚输出的模拟电压就是 VCO 直流控制电压，该电压控制 VCO 频率，使其四分频频率向着多普勒频谱中心频率的方向变化。

6.3.8　压控振荡器及四分频电路

附录图 7 中压控振荡器电路如图 6 - 13 所示。

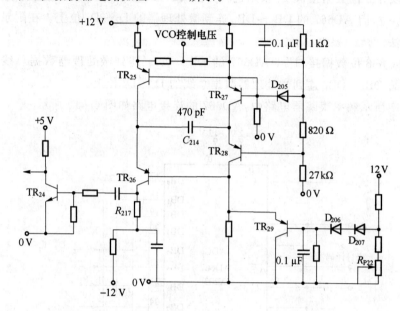

图 6 - 13　VCO 电路原理图

这是一个典型的射极定时多谐振荡器电路，但在电路画法上，与一般典型电路画法不同。为了易于理解，将图 6 - 13 中的主要电路改画成如图 6 - 14 所示的典型射极定时多谐振荡器原理图。

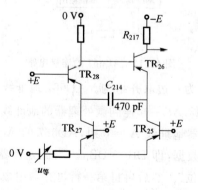

图 6 - 14　射极定时多谐振荡器原理

图 6 - 14 中，TR_{27}、TR_{25} 为恒流源，TR_{28}、TR_{26} 为开关管，它们控制 C_{214} 电容器的充电及放

电。$u_{等}$ 为与 VCO 控制电压有关的等效电源,它控制恒流源电流数值的大小,从而控制 C_{214} 的充放电时间,也即控制了 TR_{28}、TR_{26} 的导通和截止转换时间。与此对应,在电阻 R_{217} 上产生了重复频率可调的脉冲信号。

在图 6-15 中,画出了四分频原理及波形图。VCO 脉冲信号加到 X210 上进行四分频处理,X210 使用 HC374 芯片,这是一个双 D 触发器。VCO 脉冲同时加在 X210a 及 X210b 的时钟端,X210a 数据端 D 与 X210b 的 $\overline{Q}$ 连接。

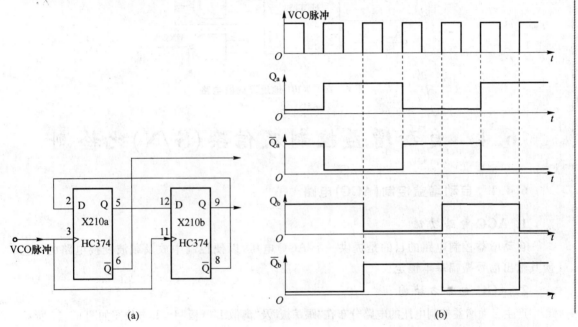

图 6-15 VCO 脉冲四分频原理及波形

根据 D 触发器的基本功能,画出图 6-15(b)波形图。图中不难看出,X210a 的 6 脚输出,与 X210b 的 9 脚输出在频率值是 VCO 脉冲频率的 1/4,其相位差 90°,即正交。

6.3.9 数据缓冲器 X204 及地址译码器 X201

雷达微机的数据总线通过 X204 数据缓冲器,与频率跟踪板的数据总线连接,X204 使用 HCT245 芯片。允许端 19 脚接自微处理器板输出的"select traker"信号,传输方向 1 脚接自微处理器板的 R/$\overline{W}$ 信号。

地址译码器 X201 用来控制 AD 及 DA 转换。X201 使用 HCT138 芯片,其连接电路如图 6-16 所示,其工作情况较简单,不再说明。

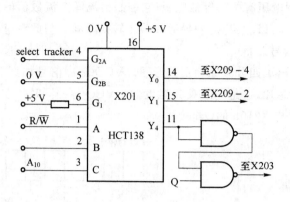

图 6 - 16　X201 地址译码器电路

6.4　自动增益控制及信杂(S/N)比检测

6.4.1　自动增益控制(AGC)电路

1. AGC 电路功能

自动增益控制电路的目的是提供一个 AGC 电压,以便控制中放及载波变换电路的增益,使其输出信号振幅基本恒定。

2. AGC 电路方块图

产生自动增益控制电压的电路分布在"跟踪板"及"离散 I/O 板"上,其方块图如图 6 - 17 所示。

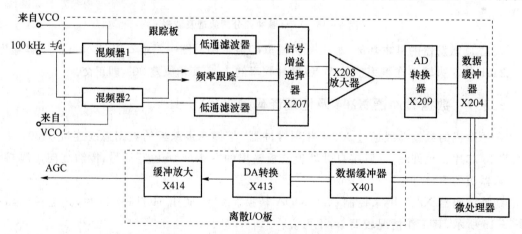

图 6 - 17　自动增益控制电路示意图

在频率跟踪器板上的上下两通道中的多普勒信号幅度,由微处理器通过模拟信号增益选择器 X207、放大器 X208 和 8 位模数转换器 X209,经每 850 μs 取样一次。在微处理器中,对这些输入信号的取样值进行软件整流,并取平均值,然后与一个预定的要求数值进行比较,并调整此 8 位数字信号的数值,然后将 8 位数字的 AGC 信号送到离散 I/O 板上,由 DA 转换器 X413 转换成直流电压,经 X414 缓冲放大后,输出 AGC 控制电压。

微处理器保留每个波束的已修正过的 AGC 控制值。

产生 AGC 电压的有关电路画在附录图 7 的跟踪板电路及速度处理组件 I/O 板电路中,在这里不再说明。

6.4.2　信杂(S/N)比检测

1. 信杂比检测电路功能

信杂比检测电路测定每束波束的多普勒信号的信杂比是否足够大,以便决定是否允许有效的精确的跟踪多普勒信号。若信杂比不够,则输出高电平 S/N 信号,告知雷达微机,不能正常跟踪。

上述功能示意方框如图 6-18 所示。

2. 信杂比电路的说明

信杂比检测电路测量 100 kHz$\pm f_d$ 频谱信号中的总功率,即在整个声频范围的多普勒信号中加噪声。只要频率跟踪器处于正常跟踪状态,AGC 功能保证输入到信杂比检测电路的多普勒信号分量是足够的。但当信杂比减少时,输入到信杂比检测电路输入端的噪声分量增加。在信杂比接近 6 dB 或更小时,

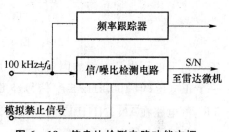

图 6-18　信杂比检测电路功能方框

信杂比检测电路输出一个高电平 S/N 信号,给雷达微机指示这种坏的状态。

在低电平输入信号下,信杂比检测电路向雷达微机发出不能锁定的状态信息,于是在雷达微机控制下,VCO 在其频率范围内扫描,寻找正常的多普勒频谱信号。此时雷达微机输出的 VCO 控制电压,按锯齿波规律变化,直到对多普勒频谱信号的 AGC 响应,使中放等放大器增益充分地减少,信杂比检测电路给雷达微机指示一个好的跟踪状态为止(S/N=0)。

在波束转换期间,"模拟禁止"($\overline{\text{AN INHIBIT}}$)信号有效,该信号强迫信杂比检测电路输出一个未锁定状态信息(S/N=1)。

3. 信杂比检测电路

信杂比检测电路如图 6-19 所示。

图 6-19 中,输出信号 S/N=1,还是 S/N=0,取决于三极管 TR$_{22}$ 基极电容器 C$_{212}$ 上的电

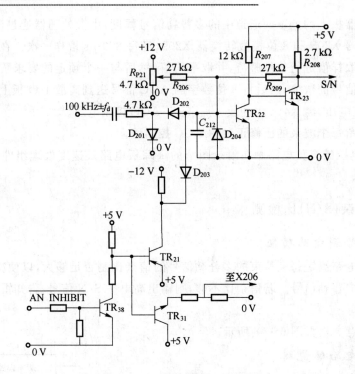

图6-19 信杂比检测原理电路

压，C_{212} 上电压由几方面的因素决定。电阻 R_{208}、R_{209}、R_{206}、R_{P21}、+12 V 等电路，使 C_{212} 上建立一个正电压；但 100 kHz±f_d 信号经 D_{202}、D_{201} 整流后，会在 C_{212} 上建立一个负电压；同时 D_{203}、TR_{21} 等电路在 $\overline{AN\ INHIBIT}$ 信号作用下，对 S/N 信号产生影响。

若 C_{212} 上的电压大于零，则 TR_{22} 导通，TR_{23} 截止，输出 S/N=1；若 C_{212} 上电压小于零，TR_{22} 截止，TR_{23} 导通，输出 S/N=0。

在正常工作情况下，100 kHz±f_d 信号振幅足够大时，S/N=0，反之 S/N=1；在 $\overline{AN\ INHIBIT}$=0 时，S/N=1，否则 S/N=0。

第 7 章　雷达微机

雷达微机与导航计算机之间的交联关系已表达在图 2-2 中,雷达微机的总方块图,如附录图 8 所示。

附录图共涉及四块电路板:微处理器板、I/O 板、数据板和频率跟踪板。关于频率跟踪板的情况,已在第 6 章中作了说明,本章介绍其余三块电路板。

7.1　微处理器板

7.1.1　微处理器板的功能

微处理器板是雷达微机的核心,也是整个多普勒导航雷达的指挥中心。具体地说,微处理器板上的微处理器具有下列功能:

① 控制多普勒导航雷达电路的工作状态;

② 跟踪四个波束中的多普勒频率;

③ 完成接收信号的纵向、横向、垂直速度的计数及输出。

在微处理器板上,还有 2 kB 随机存取存储器、16 kB 只读程序存储器、可编程定时模块 PTMS(X610、X611)和可编程并行接口 PIA(X612)。

7.1.2　微处理器板方块图

微机处理器板方块图如图 7-1 所示。

1. 微处理器

微处理器 X603 使用美国 Motorolo 公司生产的 MC6800 系列 8 位微处理器 MC6809 芯片,是在 MC6800 基础上改进后执行若干可处理的 16 位数据指令的微处理器,所以也称为准 16 位处理器。

MC6809 微处理器通过 8 位数据总线、16 位地址总线、3 位控制线(Q、E 及 R/$\overline{\text{W}}$)、中断线 $\overline{\text{IRQ}}$,与本电路板及其他电路板接口,执行 EPROM 中的程序,完成预定计算任务,进行数据交换,并控制其他接口电路的工作。

微处理器所用 4 MHz 时钟信号,由装在数据板上的 4 MHz 晶体振荡器产生。

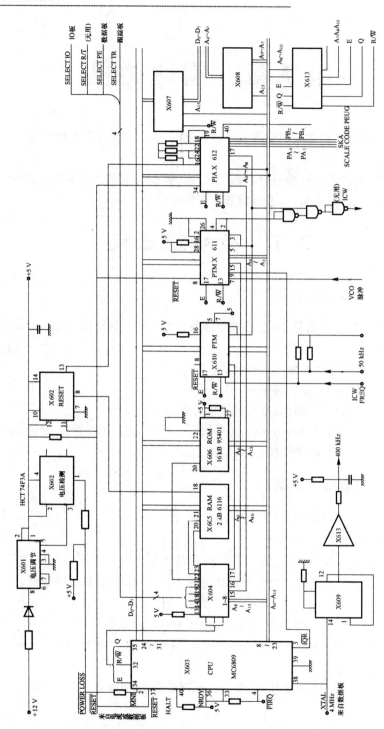

图 7 - 1 微机处理器板方块图

2. 存储器

微处理器通过 $A_0 \sim A_{10}$ 地址线及 8 位数据线,并在地址译码器 X604 输出信号控制下,与 2 kB RAM 进行数据交换,微处理器从中存取已知数据,中间计算结果数据,最后计算结果数据及设立程序运行标志。16 kB EPROM 中,固化有雷达微机的全部程序及常数。微处理器通过 $A_0 \sim A_{13}$ 地址线及 8 位数据线,并在地址译码器 X604 输出信号控制下,一条一条地依次从 EPROM 中取山程序指令,完成人们给多普勒导航雷达规定的全部任务。

3. 并行接口 PIA(X612)

X612 是一个可编程并行接口,它有两个 I/O 口(PA 口及 PB 口),微处理器使用 PB 口的第七位控制 PTMS 计数器的工作状态;使用 PB 口的第六位输出"0"信号,使触发器 X602 复位,控制 RAM 的选通;使用 PA 口的 CA1 输入联络线,检测跟踪板上 AD 转换器的工作状态;使用 PA0～PA7 和 PB0～PB4 位,输入与天线有关的各种参数。

4. 可编程定时器模块 PTM(X610、X611)

可编程定时模块的作用是产生 ICW clock 波形(多普勒导航雷达无此功能),并接收下列信号:来自"频率跟踪器"的 VCO 脉冲,来自"PIN 驱动器板"的 ICW 频率信号,来自"定时电路的 50 kHz 信号",并对这些信号进行计数。微处理器通过数据总线,从这两个定时器中读取这些计数值。

5. 地址译码器 X604

地址译码器 X604 在 $A_8 \sim A_{15}$ 地址线和 Q、E、$R/\overline{W}$ 信号控制下,产生 10 根控制线。在一定地址范围内,每根控制线启动一个接口电路或一块电路板。其中 6 根控制线启动本电路板上的 5 个部件,即 X605(RAM,占用两根)、X606(ROM)、X610(PTM)、X611(PTM) 和 X612(PIA)。另三根控制线控制其他三块电路板,即 select tracker(选择跟踪板)、select I/O(选择 I/O 板)和 select PER(选择数据板),select R/T 在多普勒导航雷达中未使用。

6. 数据总线缓冲器

数据总线缓冲器 X607 将微处理器板上的 8 位数据总线,缓冲后接到 I/O 板、数据板、跟踪板的 8 位数据总线上。

地址缓冲器 X608 将微处理器的 A_2、A_1、A_0 地址线缓冲后,与 I/O 板的 A_1、A_0 及跟踪板和数据板上的 A_2、A_1、A_0 地址线相连。地址缓冲器 X613 将微处理器板上 A_8、A_9、A_{10} 地址线及控制线 Q、E、$R/\overline{W}$ 信号缓冲后,与 I/O 板、数据板、跟踪板上的 A_8、A_9、A_{10} 地址线及 Q、E、$R/\overline{W}$ 控制线相连。

7.1.3　微处理器板电路说明

微处理器板电路如附录图 9 所示。

1. 微处理器

微处理器 X603 使用 MC6809 芯片,与导航计算机使用的芯片相同,不同的是 4 MHz 时钟信号的来源不同,中断请求信号的使用不同。其他引线的使用,基本上与导航计算机中的 MC6809 类同,只是在总线上挂的器件不同。

在雷达微机中 4 MHz 时钟信号来自数据板,中断请求$\overline{\text{IRQ}}$信号接可编程定时器 X611。

(1) MC6809 功能框图

MC6809 功能框图如图 7 - 2 所示。

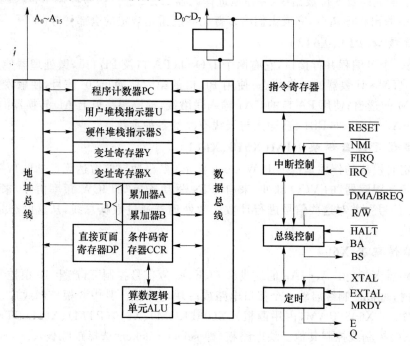

图 7 - 2　MC6809 功能框图

MC6809 内部框图特殊之处在于:内部有两个 8 位累加器,可连成一个 16 位累加器;有两个 16 位变址寄存器;有直接页面寄存器,可对 64 kB 存储器空间直接寻址。

(2) MC6809 引脚功能说明

为了明确微处理器板上各集成电路之间的连线原理,必须了解 MC6809 器件的各个引脚及其功能(对其他集成电路芯片也是如此)。MC6809 引脚功能如图 7 - 3 所示。

$A_0 \sim A_{15}$ 为 16 位地址线。微处理器使用这些地址线可以访问存储器单元及其他接口器件。每根地址线的驱动能力为四个 LSTTL 门加上 90 pF 电容,具有三态控制输出。

$D_0 \sim D_7$ 为 8 位双向数据总线。微处理器通过这些双向数据总线可以从存储器中存取数据,并与其他接口交换信息。每根数据总线的驱动能力为四个 LSTTL 门加上 130 pF 电容,三态输出。

$R/\overline{W}$ 为读写控制信号。此输出信号表明数据总线上数据传送方向。当 $R/\overline{W}=0$ 时,微处理器通过数据总线,向存储器或其他接口输送数据,称为"写"操作。当 $R/\overline{W}=1$ 时,微处理器

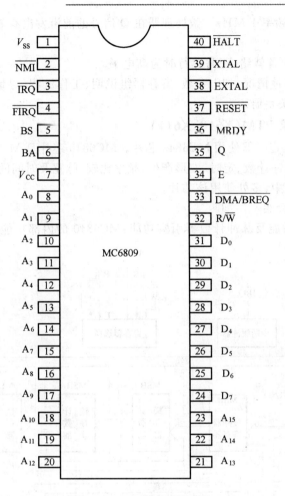

图 7-3　MC6809 引脚功能

通过数据总线,从存储器或其他接口电路读取数据,称为"读"操作。

$\overline{\text{RESET}}$ 为复位信号。当该输入信号的低电平时间大于一个周期时,就能使微处理器复位。在初始加电时,在时钟发生器正常工作之前,复位线应保持低电平。

$\overline{\text{HALT}}$ 为暂停信号。此信号为低电平时,微处理器执行完现行指令后处于暂停状态。暂停状态时机器不丢失数据。

BA、BS 为微处理器不占用总线及总线状态信号。在正常运行时,BA、BS 均为低电平。

$\overline{\text{NMI}}$ 为不可屏蔽中断请求。

$\overline{\text{FIRQ}}$ 为快中断请求。

$\overline{\text{IRQ}}$ 为中断请求。

XTAL、EXTAL 为外接晶体或时钟信号。

E、Q 为定时信号,频率 1 MHz。微处理器在 Q 信号的前沿发出有效地址,在 E 信号的后沿,锁存数据。

MRDY 为存储器准备就绪,正常运行时为高电平。

关于 MC6809 的其他情况,如电参数、寄存器组说明、工作流程、寻址方式、指令表和工作波形等问题,可参阅有关手册。

2. 可编程定时器 PTM(X610、X611)

X610、X611 可编程定时器使用 MC6840 芯片。MC6840 芯片是 MC6800 系列的可编程定时器件。它能够完成脉冲计数、定时、波形产生、频率比较、脉宽及时间间隔测量和系统中断等多种任务。在导航系统中,多处使用该芯片。

(1) MC6840 芯片介绍

① MC6840 内部功能及脉冲计数器引脚功能:MC6840 的内部功能如图 7-4 所示,其引脚功能如图 7-5 所示。

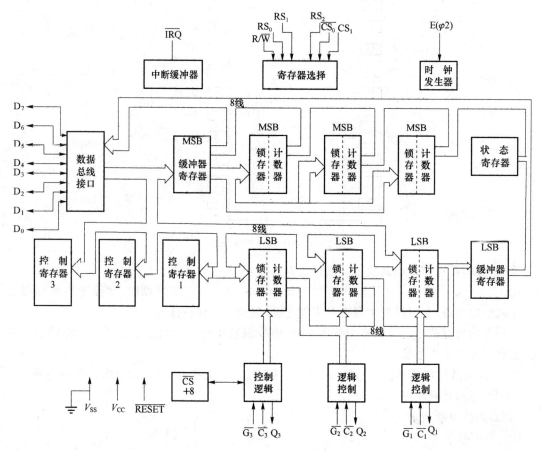

图 7-4　MC6840 的内部功能

图7-4中有三个定时器,每个定时器由高8位锁存器和计数器、低8位锁存器和计数器组成。每个定时器有一个控制工作方式的控制寄存器和一个控制逻辑电路。整个芯片有一个状态寄存器,寄存三个定时器的中断标志位及复合中断标志位。

图7-5中,各个引脚的意义如下:

$D_0 \sim D_7$:双向数据总线,三态。

E:时钟线,此输入信号用来同步微外理器与MC6840之间的数据传送。

$\overline{IRQ}$:这是一个低电平有效的中断请求信号。

$\overline{RESET}$:复位信号。

$R/\overline{W}$:读/写信号。

$\overline{CS_0}$、CS_1:芯片选择信号。

RS_0、RS_1、RS_2:内部寄存器选择信号。

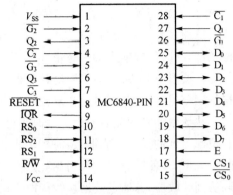

图7-5　MC6840 的引脚功能

$\overline{C_1}$、$\overline{C_2}$、$\overline{C_3}$:时钟输入端。它们接收外部 TTL 电平信号。MC6840 作为计数器使用时,它们是计数脉冲输入端;MC6840 作定时器使用时,它们作外部时钟输入端;若编程用内部时钟 E 时,也可不用这些引脚。

$\overline{G_1}$、$\overline{G_2}$、$\overline{G_3}$:门控输入。分别作三个定时器的触发或为时钟门控功能。在计数方式和波形产生方式时,门控端必须接地;在频率比较和脉宽测量方式时,门控端为测量脉冲输入端。

Q_1、Q_2、Q_3:三个定时器输出端。

② MC6840 内部寄存器寻址说明:MC6840 内部寄存器寻址如表7-1所列。

表7-1　MC6840 内部寄存器寻址表

寄存选择输入			操　　　作	
RS_2	RS_1	RS_0	$R/\overline{W}=0$(写)	$R/\overline{W}=1$(读)
0	0	0	$CR_{20}=0$ 时,写控制寄存器 3 $CR_{20}=1$ 时,写控制寄存器 1	—
0	0	1	写控制寄存器 2	读状态寄存器
0	1	0	写 MSB 缓冲器	读定时器 1 计数值
0	1	1	写定时器 1 锁存器	读 LSB 缓冲器
1	0	0	写 MSB 缓冲器	读定时器 2 计数值
1	0	1	写定时器 2 锁存器	读 LSB 缓冲器
1	1	0	写 MSB 缓冲器	读定时器 3 计数值
1	1	1	写定时器 3 锁存器	读 LSB 缓冲器

由表7-1可见,只要把 RS1、RS2、RS0 连接到适当地址线上,就可以使用特定地址向锁

存器写初值或从计数器中读取计数值,或向控制寄存器写控制字;也可从状态寄存器中读数,以了解 MC6840 的内部工作状态。

③ MC6840 工作方式和计数原理:MC6840 有两种工作方式,波形复合方式和波形测量方式。计数方式包含在波形复合方式之中。MC6840 工作方式由控制寄存器中的 CRX3 位的状态决定。当 CRX3＝0 时,MC6840 工作于波形复合方式;当 CRX3＝1 时,工作于波形测量方式。脉冲多普勒板上的 MC6840 工作于波形复合方式。工作在波形复合方式时,只要没有复位条件,同时门控输入端为逻辑"0",便允许计数器工作。

在波形复合方式,首先要对计数器初始化。所谓初始化,是向锁存器写一初值,然后将数据从锁存器传送到计数器;在复位时总是要进行计数器初始化的(数据从锁存器送到计数器)。

从计数器初始化后的第一个时钟开始,在每个时钟脉冲到来时计数器减 1。在计数器所有位都为 0 的下一个周期,定时器输出端 Q 改变状态(由此可产生脉冲波形),同时使相应中断位置位,并使计数器重新初始化。MC6840 作为计数器使用时,在计数过程中,微处理器可以访问计数器,并通过数据总线读当时计数值。在读取计数值后,可以使用软件,使之重新初始化。

(2) X610 的应用

关于 X610 的电路连接如图 7 - 6 所示。

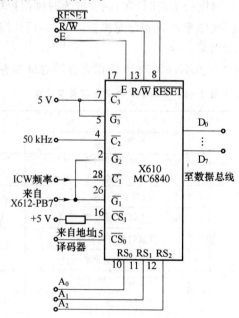

图 7 - 6　X610 的 PTM 电路连接原理图

由图 7-6 可见,5 脚 $\overline{G_3}$ 及 7 脚 $\overline{C_3}$ 接+5 V。因此,MC6840 中的第三个定时计数器无输入信号,处于不工作状态。4 脚 $\overline{C_2}$ 和 28 脚 $\overline{C_1}$ 分别接到 50 kHz 和 ICW 频率信号作为时钟输入信号,此时 MC6840 中的第二个、第一个计数定时器用作计数器,即对 50 kHz 及 ICW 频率进行计数。但 MC6840 作计数器时,应要求 2 脚的"$\overline{G_2}$",26 脚的"$\overline{G_1}$"为低电平。在图 7-5 中,该两脚连在一起,并联到并行接口 X612 的 PB 口的第七位上。这就是说,X610 的第二、第一计数定时器的计数状态,由微处理器通过并行接口 X612 控制。当微处理器通过 X612 向 X610 的 2、26 脚输送"0"状态时,X610 中的第二及第一计数定时器,开始对 50 kHz 及 ICW 信号频率进行计数。

X610 的片选信号 $\overline{CS_1}$ 接+5 V,始终有效,而片选信号 $\overline{CS0}$ 由地址译码器 X604 控制 MC6840 内部寄存器寻址信号 RS0、RS1、RS2,并分别接地址线 A_0、A_1、A_2,使用这些地址线,就可以对 X610 中的寄存器寻址。17 脚的"E"信号,13 脚的"$R/\overline{W}$"信号,分别接微处理器的 E 及 $R/\overline{W}$ 信号,用来控制 X610 的读写操作。8 脚为"$\overline{RESET}$"复位信号。

(3) X611 电路

X611 电路如图 7-7 所示。

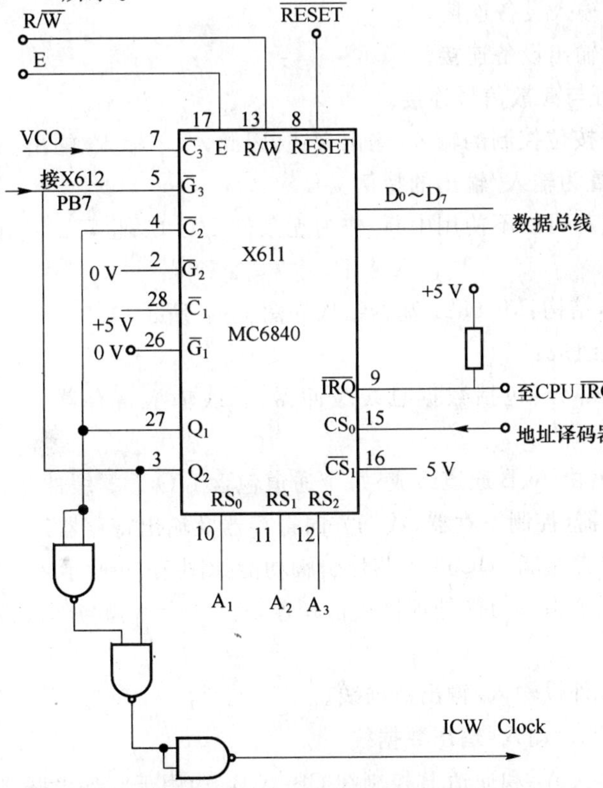

图 7-7 X611 PTM 电路原理图

图 7-7 中的 7 脚"$\overline{C_3}$"接 VCO 脉冲,而 5 脚"$\overline{G_3}$"接 X612 的 PB 7 位,因此 X611 中的第三个计数定时器作 VCO 脉冲的计数器,$\overline{G_3}$ 与 X610 中的 $\overline{G_2}$、$\overline{G_1}$ 一样,由微处理器通过 X612 控制其计数状态。

2 脚的 $\overline{G_2}$、26 脚的 $\overline{G_1}$ 接 0 V,这表明 X611 中的第二、第一计数定时器工作于波形复合方式。由于 4 脚"$\overline{C_2}$",28 脚"$\overline{C_1}$"无外加计数脉冲输入,所以不作计数器用,而用来产生 ICW clock 波形。

"ICW clock"信号在本类型雷达中无用,故不再说明 ICW clock 波形产生原理。

3. 并行接口 PIA(X612)

并行接口 X612 使用 MC6821 芯片,在雷达微机中多处应用该芯片。

(1) MC6821 介绍

MC6821 是 MC6860 系列的外设接口适配器,简称 PIA。它具有两个独立的 8 位并行数据通道,是一个可编程的通用输入/输出接口电路。

① MC6821 基本功能:PIA 有两个通道(A 及 B),每个通道有 8 位输入/输出,每一位都可独立地编程,并作为输入或输出。PIA 的每个通道,可由程序确定为下列三种方式之一:

a. 字节输入:可与输入设备连接;

b. 字节输出:可与输出设备连接;

c. 位输入/输出:可与离散信号连接。

PIA 的基本方式是按位控制的输入/输出方式,因此,字节输入/输出,只不过是按位输入/输出时,将所有位都设置为输入/输出的特例。

PIA 三种工作方式都可以不使用中断,作为无条件 I/O 口;也可以使用中断,作为中断驱动联络方式 I/O 口。

② MC6821 的基本结构:MC6821 基本结构如图 7-8 所示。

PIA 内部由两部分组成:

a. 与微处理器接口部分:包括数据总线缓冲器、总线输入寄存器、芯片选择及读写控制电路。

b. 与外设接口部分:由 A、B 通道组成;每个通道包含 I/O 数据缓冲器、一个中断状态控制器及三个可编程的寄存器(控制寄存器、数据方向寄存器及输出寄存器)。

③ MC6821 芯片引脚功能:MC6821 芯片引脚功能如图 7-9 所示。

40 个引脚中,有 30 个引脚与微处理器接口相连;有 20 个引脚与外设接口相连,其中 A、B 通道各占 10 个。

$PA_0 \sim PA_7$:通道 A 外设输入/输出数据线。

$PB_0 \sim PB_7$:通道 B 外设输入/输出数据线。

通道 A 控制线 CA_1、CA_2 和通道 B 控制线 CB_1、CB_2 均用于和外设联络,CA_1、CB_1 只能作

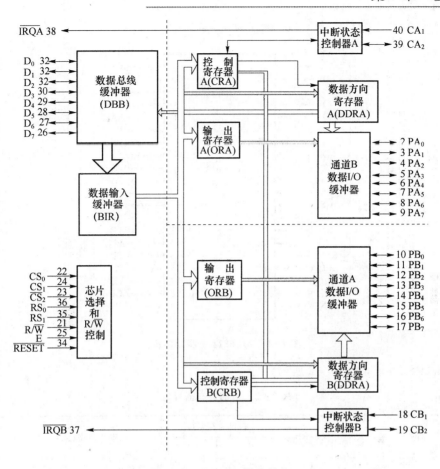

图 7 - 8　MC6821 基本结构

输入线, CA_2、CB_2 可由编程确定为输入或输出。若 CA_2、CB_2 编程为输入时, 则两个通道各有两个中断输入线。

芯片选择 CS_0、CS_1、$\overline{CS_2}$: 当 $CS_0 = CS_1 = $ "1"和 $\overline{CS_2} = $ "0"时, 该芯片被选通。

寄存器选择 RS_0、RS_1 : 用来选择内部寄存器。

E 允许线 : 当 E = 1 时, 芯片才能工作, E 可与 CS_0、CS_1 和 $\overline{CS_2}$ 一起, 做芯片选择端。

读写控制 R/$\overline{W}$: 读写控制输入信号, 用此信号控制 PIA 内部总线上数据的传送方向。

$\overline{IRQA}$、$\overline{IRQB}$: 中断请求输出信号, 低电平有效。

$\overline{RSET}$: 复位输入信号, 低电平有效。

④ 寄存器寻址 : 要使用 MC6821 芯片, 首先对它编程, 以便确定 PA 口及 PB 口中各位是输入还是输出等, 这就涉及对 PIA 内部寄存器的寻址问题。

PIA 每个通道各有三个可以访问的寄存器 : 输出寄存器、数据方向寄存器和控制寄存器。

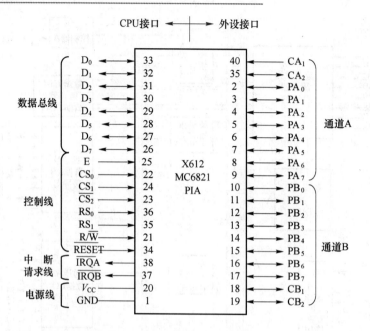

图 7－9　MC6821 引脚功能图

它们由 RS_1、RS_0 寻址,如表 7－2 所列。

表 7－2　内部寄存器寻址

通　道	RS_1	RS_0	控制寄存器位		选择的寄存器
			CA_2	CB_2	
A	0	0	1	×	输出寄存器 A(ORA)
A	0	0	0	×	数据方向寄存器(DDRA)
A	0	1	×	×	控制寄存器 A(CRA)
B	1	0	×	1	输出寄存器 B(ORB)
B	1	0	×	0	数据方向寄存器(DDRB)
B	1	1	×	×	控制寄存器 B(CRB)

⑤ 工作过程:PIA 器件内部寄存器都是 8 位寄存器。输出寄存器用来寄存输出数据,对输出数据有锁存作用。数据方向寄存器用以控制数据传送方向,其中的 8 位与 I/O 缓冲器中的 8 位相对应,每一位可以分别控制。当数据方向寄存器某位为 1 时,则对应的 I/O 位数据传送方向为"输出";为 0 时,对应 I/O 位为"输入"。控制寄存器用来控制 CA_1、CA_2、CB_1、CB_2 四条控制线的动作,并包含中断开放控制和两个中断标志位,控制寄存器第二位作寄存器选择用,如表 7－2 所列。

在使用该芯片时,首先要对数据方向寄存器及控制寄存器编程,规定 A、B 口中各位的传送方向及中断状态。

当作为输出接口时,微处理器执行一条输出指令,信息从微处理器的数据总线进入数据总线缓冲器 DBB 及总线输入寄存器 BIR,进入内部总线,再经过输出寄存器 OR 及通道 A/B 数据缓冲器,输出到外设电路。

当作为输入接口时,信息从外设数据线经过通道 A/B 数据的 I/O 缓冲器,进入内部总线,再经过数据总线缓冲器,进入微处理器的数据总线。

(2) 微处理器板上的 X612(PIA)连接电路

X612 连接电路如图 7-10 所示。由图可见,X612 未使用中断请求。

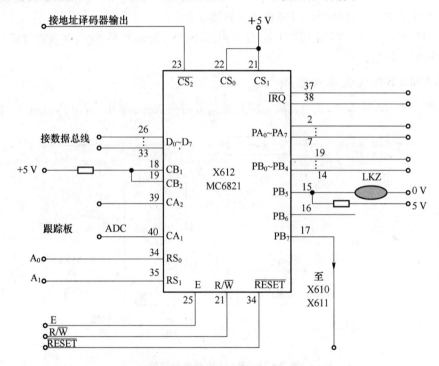

图 7-10 X612(PIA)电路连接图

片选端 CS_0、CS_1 接 +5 V,始终有效,而 $\overline{CS_2}$ 接地址译码器 X604 并输出,即由地址译码器 X604 的输出决定 X612 的选通与否。内部寄存器寻址由地址 A_1、A_0 决定,PB7(PB 口第七位)为输出位,接到 X610 的 $\overline{G_1}$、$\overline{G_2}$ 及 X611 的 $\overline{G_3}$,用来控制这两个 PTM 器件中的有关计数定时器的计数工作状态。

PB_6 为输出位,用来使 X602 触发器复位,控制 RAM 的选片信号 $\overline{CS}$。

$PA_0 \sim PA_7$、$PB_0 \sim PB_4$ 为输入口,连到刻度码连接器 SKA。通过这个刻度码连接器,从微处理器板上的 X612 的 PB 口、PA 口,将天线的波束角数据输入微处理器。这些数据与纵向波束角、横向波束角有关,还与天线电气纵轴与机械纵轴之间的误差有关。

CA$_1$ 连到跟踪器板上的 AD 转换芯片的状态信息输出端,CA$_1$ 是 PA 口的中断输入端。

控制寄存器中的第一位为 CA$_1$ 的中断开放控制位,当其值为 1 时,允许 CA$_1$ 中断。控制寄存器中的第 0 位,为 CA$_1$ 中断请求有效跳变选择,当其值为 1 时,CA$_1$ 为上升沿中断请求。当 CA$_1$ 有中断请求时,控制寄存器第七位自动置 1。微处理器可以读取控制寄存器的第七位状态。

图 7 - 10 所示 CA$_1$ 的连接电路表示由软件设置控制寄存器的第一位、第 0 位为 1,当频率跟踪板上的 AD 转换器转换结束时,MC6821 控制寄存器第七位为 1,微处理器检测该位状态,因此跟踪器板上的 AD 转换器已经完成 AD 转换工作。

图 7 - 10 中,CA$_2$ 端空,而 CB$_1$、CB$_2$ 经电阻接 +5 V,为高电平,这表明该芯片的这三个对外联络信号线未使用。

4. RAM $\overline{CS}$ 片选信号的控制

附录图 9 中 RAM X605 的 18 脚 "$\overline{CS}$" 片选信号接到 X602 输出,其电路如图 7 - 11 所示。

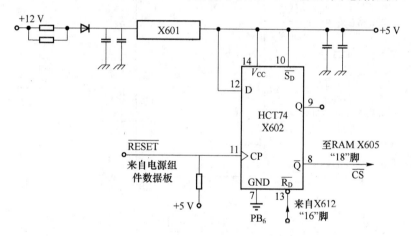

图 7 - 11　RAM 片选信号控制

X602 使用 HCT74 芯片,这是一个双 D 触发器,数据端 D 接 +5 V(+12 V 经电压调压电路 X601 调正后输出 +5 V),时钟端接复位信号 $\overline{RESET}$,Q 接 RAM 的 $\overline{CS}$ 端。当 $\overline{Q}=0$ 时 RAM 片选端有效,在正常工作时,使用软件在数据板上产生一个 $\overline{RESET}$ 信号,使 X602 输出 Q=1,$\overline{Q}=0$,RAM 处于选通状态。

也可以使用软件,使 RAM X605 处于禁止选通状态。其方法是:微处理器通过 X612 并行口 PB$_6$ 位输出一个低电平信号,到 X602 的 $\overline{R_D}$ 端,使 X602 清零,则 Q=0,$\overline{Q}=1$,于是 RAM 片选信号 $\overline{CS}=1$ 无效。

7.2　数 据 板

7.2.1　数据板功能

在数据板上完成下列功能：产生"模拟禁止"（$\overline{\text{AN INHIBIT}}$）信号，产生 4 MHz 时钟脉冲信号，检查系统软件故障。多普勒导航雷达无脉冲数据输出功能，所以本来属于数据板的脉冲数据输出电路不予说明。

7.2.2　数据板方块图

多普勒导航雷达数据板方块如图 7 - 12 所示。

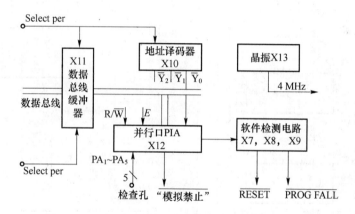

图 7 - 12　雷达数据板方块图

数据板上，由 X13 晶体振荡器产生 4 MHz 晶振信号，做微处理器的时钟信号。

在微处理器控制下，通过并行接口 X12 的对外联络线 CB_2 产生"模拟禁止"（$\overline{\text{AN INHIBIT}}$）信号。X12 的 $PA_1 \sim PA_5$ 五位接五个检查孔，用来确定雷达故障的具体部位。

微处理器执行程序过程中，通过并行接口 PIA（X12）定时地输出软件测试脉冲，软件测试脉冲检测电路 X7、X8、X9 可以检测这个软件测试脉冲的周期，如果该周期小于 70 ms、大于 510 ms，就输出 $\overline{\text{PROG FALL}}$＝0 信号，表示软件故障，并送出复位脉冲 $\overline{\text{RESET}}$。

7.2.3　数据板电路说明

数据板电路如图 7 - 13 所示。

图 7 - 13 中，有三部分电路，即并行接口 PIA（X12）、软件故障检测电路、数据缓冲器及地址译码器。

直升机多普勒导航雷达原理

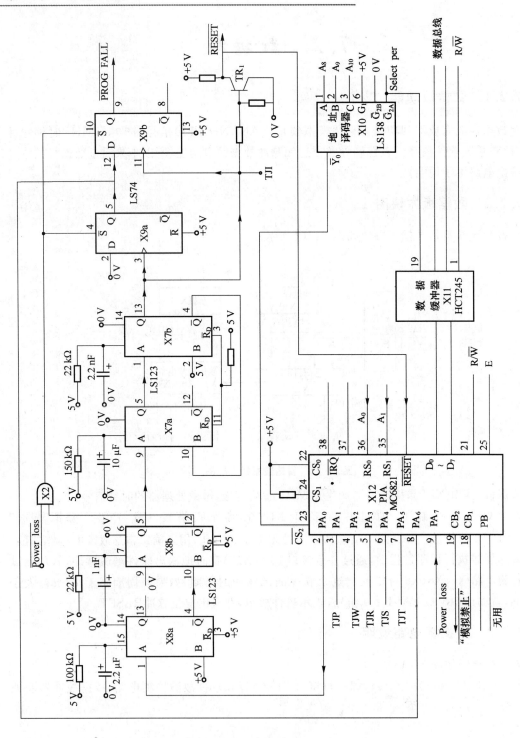

图 7 - 13 数据板电路图

1. 并行接口 PIA(X12)

并行接口 X12 使用 MC6821 芯片,在图 7-13 中,片选信号 $CS_1 = CS_0 = +5$ V,CS_2 接地址译码器 X10 的输出端 $\overline{Y_0}$,所以 X12 由地址译码器 X10 输出信号选通。RS_0 接地址线 A_0,RS_1 接地址线 A_1,用此二位地址,结合 X10 地址译码器 $\overline{Y_0} = 0$ 时的地址范围,就可以使用固定地址去选择 X12 内部寄存器。$R/\overline{W}$、E 信号接微处理器板输出的 $R/\overline{W}$ 及 E 信号,用来对 X12 进行读写操作。

X12 的 PA 口及 PB 口有下列三个用处:

(1) 使用 CB_2 对外联络线产生"模拟禁止"($\overline{AN\ INHIBIT}$)信号

"模拟禁止"信号是通过 X12 的 CB_2 联络线,由软件产生的控制信号,其周期 25.5 ms,负脉冲宽度 6.8 ms,波形如图 7-14 所示。

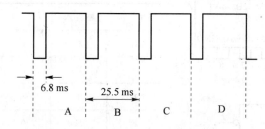

图 7-14　"模拟禁止"信号波形图

MC6821 中有两个 IO 通道,每个通道有两根控制线 CA_1、CA_2(通道 A)、CB_1、CB_2(通道 B)。这四根线用于与外设进行联络,其中 CA_1、CB_1 只能作输入,CA_2、CB_2 可由编程确定为输入或为输出。

MC6821 中的控制寄存器可以控制 CA_1、CA_2、CB_1、CB_2 这四条线的动作。图 7-13 中的 CB_2 用作"模拟禁止"信号的输出线,下面就如何控制 CB_2 的动作作一说明。

控制寄存器中的第五位(CR_5)控制 CB_2 的输出或输入。当 $CR_5 = 1$ 时,CB_2 为输出线;$CR_5 = 0$ 时,CB_2 为输入线。为产生"模拟禁止"信号,应有 $CR_5 = 1$。

控制寄存器中的第三位(CR_3)、第四位(CR_4)为 CB_2 的状态控制位。当 $CR_4 = 1$ 时,由 CR_3 决定 CB_2 的状态。当 $CR_3 = 0$ 时,$CB_2 = 0$;当 $CR_3 = 1$ 时,$CB_2 = 1$。

由此可见,为使 CB_2 输出一个 6.8 ms 负脉冲,首先应在每个波束开始时,给控制寄存器中的 CR_5、CR_4、CR_3 位写入 110,从此开始 CB_2 就输出低电平信号;当经过 6.8 ms 时,给控制寄存器中的 CR_5、CR_4、CR_3 写入 111,则 CB_2 由"0"变"1",于是 CB_2 输出一个 6.8 ms 的负脉冲。

(2) $PA_1 \sim PA_5$ 为测试孔

X12 的 PA 口的第一位到第五位分别为测试孔 TJP、TJW、TJR、TJS、TJT。它们都是输入线,可以人为地接地或开路,用于雷达刚接通时的故障检查。微处理器根据这些测试孔的状态,确定检查对象,以便确定多普勒导航雷达的具体故障部位。

（3）输出软件检查脉冲

微处理器在执行程序过程中，定时地通过 PA 口的第 0 位，输出测试脉冲，送到软件故障检测电路（X7、X8、X9）输入端，在正常情况下，该脉冲周期应大于 70 ms、小于 510 ms。

2. 软件故障检测

软件故障检测电路的基本功能已如前述，下面说明在存在软件故障时，如何产生指示该故障的信号"$\overline{PROG\ FALL}$"。

软件故障检查电路由图 7 - 13 中的 X7、X8、X9、TR_1 组成。X7 及 X8 使用 LS123 芯片，它是一个可以重新触发的双单稳电路芯片，其引脚如图 7 - 15 所示。输入输出关系如表 7 - 3 所列。

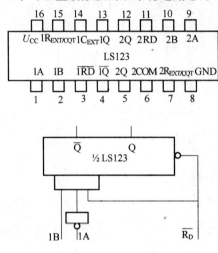

图 7 - 15　LS123 的引脚功能

表 7 - 3　LS123 的功能

输　入			输　出	
$\overline{R_D}$	A	B	Q	$\overline{Q}$
0	×	×	0	1
×	1	×	0	1
×	×	0	0	1
1	0	↑	⊓	⊔
1	↓	1	⊓	⊔
↑	0	1	⊓	⊔

为了易于理解，将 LS123 的功能简述如下：

在触发前，LS123 的 Q 端为 0，$\overline{Q}$ 端为 1。当 B＝1 时，A 端出现下降沿信号，则 Q 端输出一个正脉冲，$\overline{Q}$ 端输出一个宽度相等的负脉冲。当 A＝0 时，B 端出现一个上升沿信号，则 Q 端输出一个正脉冲，$\overline{Q}$ 端输出一个负脉冲。脉冲宽度由外接 RC 元件决定。若在被触发后的脉冲期间的 A 或 B 出现触发脉冲，则等于重新触发。

在图 7 - 13 中，X8a、X7b 属于 B＝1 的触发方式；X8b 属于 A＝0 的触发方式；而 X7a 可工作于上述两种触发方式之一，当 X7b 的 $\overline{Q}$＝1 时，为 B＝1 的触发方式；当 X8b 输出端 Q 为 0 时，为 A＝0 的触发方式。

X9 使用 LS74 芯片，它是一个双 D 触发器。

根据上述情况及图 7 - 13 电路，当 X12 输出一个软件测试脉冲时，会产生如图 7 - 16 所示波形图。

在 t_1 时刻，X12 输出的软件测试脉冲出现下降沿信号，于是在 X8a 的 $\overline{Q}$ 输出端输出一个负脉冲,脉冲宽度大约 70 ms。

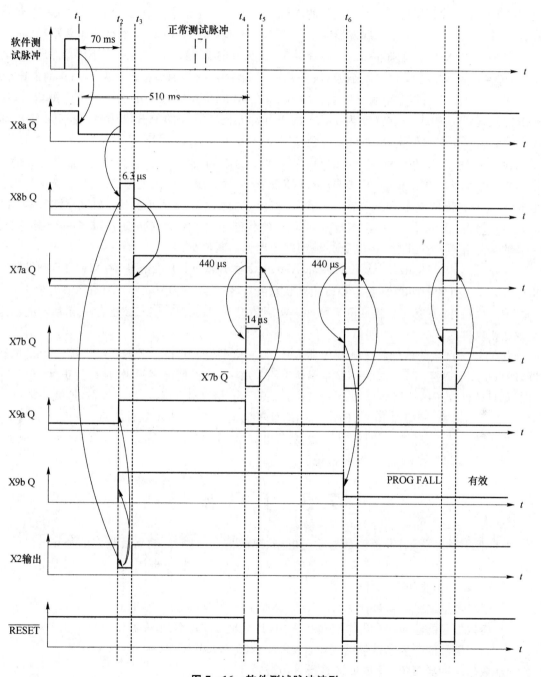

图 7 - 16　软件测试脉冲波形

在 t_2 时刻，X8a 的 $\overline{Q}$ 脉冲结束，在 X8b 的 B 输入端产生一个上升沿信号，于是在 X8b 的 Q 输出端产生一个脉冲宽度为几微秒的正脉冲，在 $\overline{Q}$ 端输出一个负脉冲。于是与门 X2 输出一个负脉冲，该负脉冲使 X9a、X9b 的 D 触发器置 1，所以在 t_2 时刻，X9a、X9b 的 Q 输出端都变为 1。

在 t_3 时刻，X8b 的 Q 端输出的正脉冲结束，在 X7a 的 A 输入端产生一个下降沿信号（此时 X7b 的 $\overline{Q}$＝1，故 X7a 的 B＝"1"），所以 X7a 的 Q 输出端输出一个脉冲宽度大约为 440 ms 的正脉冲。

在 t_4 时刻，X7a 的 Q 端输出的正脉冲结束，在 X7b 的 A 输入端出现一个下降沿信号，使 X7b 的 Q 输出端输出一个宽度为 14 μs 的正脉冲。该正脉冲的上升沿信号，使 X9a 输出端 Q＝0，X7b 的 Q 端的正脉冲，通过三极管 TR_1，产生一个复位脉冲 $\overline{RESET}$。

在 t_5 时刻，X7b 的 Q 端正脉冲结束，于是 X7a 的 $\overline{Q}$ 端产生一个上升沿信号，加到 X7a 的 B 输入端，此时 X8b 的 Q 处于"0"状态，所以，X7a 的 A 输入端为 0，因此在 X7a 的 B 端的上升沿信号作用下，X7a 的 Q 输出端又产生一个脉冲宽度约为 440 ms 的正脉冲。在 t_6 时刻，X7a 的 Q 正脉冲结束，于是，使正个电路返回 t_4 时刻的状态，所以 X7a、X7b 便构成了一个振荡器，X7b 的 Q 端不断产生正脉冲，在 TR_1 输出端不断输出复位脉冲。

当在 t_6 时刻，产生第二个复位脉冲时，X7b 的 Q 输出端的上升沿信号，使 X9a 的 D 触发器输出继续为"0"，而 X9b 的 D 触发器 Q 输出端状态由"1"变"0"，于是 $\overline{PROG\ FALL}$＝0 有效。

按上面所述，只有一个软件测试脉冲。实际情况下，"$\overline{PROG\ FALL}$"是否一定为 0"呢？这就取决于软件测试脉冲的周期值。

如果 X12 产生的软件测试脉冲周期大于 70 ms，小于 510 ms，则不会产生第二个复位脉冲，所以也不会产生"$\overline{PROG\ FALL}$"信号为"0"的状态。此种情况表示，软件执行正常。

如果软件测试脉冲周期很短，小于 70 ms，则 X8a 始终处于连续触发状态，这就不能产生对 X9 的置位脉冲，于是"$\overline{PROG\ FALL}$"始终处于低电平状态，表示软件故障。

如果软件测试脉冲周期很大，反复输出复位脉冲，则在第二个复位脉冲出现后，"$\overline{PROG\ FALL}$"就为"0"，表示软件故障。

7.3　I/O 板

I/O 板上的电路包括：速度数据输出电路、离散信号的输入、输出及频率信号和定时信号的产生四部分。为了对 I/O 板有一个总的了解，可先看 I/O 板总框图，如图 7-17 所示。

图 7-17 总方框可分四部分：

① 速度数据输出电路包括 X413、X414、X416、X417。

② 离散信号的输入和输出电路包括 X407、X408、X410、X411 等器件。

③ 频率信号的产生电路包括 X403、X404、X405、X406、X409。

④ 数据缓冲器 X401 及地址译码器 X402。

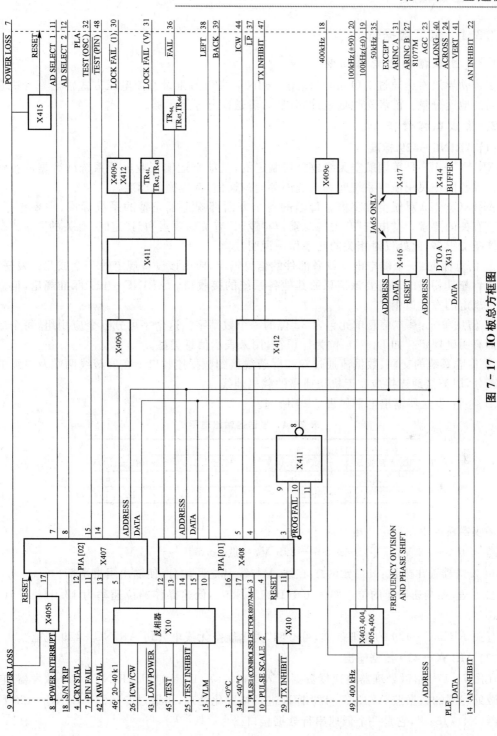

图 7 - 17 IO板总方框图

7.3.1　速度数据输出

1. 速度数据输出电路功能

多普勒导航雷达通过 I/O 板,可以用 ARINC-429 标准及直流电压方式输出直升机在三个轴向的地速分量。前者送往导航计算机,后者送往悬停指示器。

2. 输出数据特征

(1) ARINC-429 标准

ARINC-429 是美国航空无线电公司制定的,是航空运输工业电子系统间数据的传输标准。世界各国在民用航空系统间和系统内部间的通信,都遵循此标准。

ARINC-429 对航空数字信息传输的各个方面都规定了完整的系统标准,主要包括:与"信息"有关的要素,与"电气"有关的要素,与"逻辑"有关的要素和与"定时"有关的要素。标准的具体条文很多,此处仅对相关的几条作一说明。

① 信息流向:一个航空电子设备部件的信息输出,应由该设备规定的一个或几个发送口,并传送到与其相连的却需要该信息的其他各系统的接收口。ARINC-429 标准规定,信息不能流入规定的发送口中。

② 信息单元:基本信息单元包含 32 位的一个数字字。这个字可分五个应用组,每个组的作用都有明确规定。如 $D_0 \sim D_7$ 位为标识符,用来表示信息类型。

③ 传输系统的交联:数据流通过双绞屏蔽线接到数据接收口。在屏蔽线两端及电缆的所有中断处,屏蔽接地连接应靠近机架插座的载机地线。

④ 电平:发送器输出电平如表 7-4 所列。

表 7-4　发送器输出电平

测线点	高	0	低
线 A 到线 B	+10(1±1.0)V	0(1±0.5)V	-10(1±1.0)V
线 A 到地	+5(1±0.5)V	0(1±0.25)V	-5(1±0.5)V
线 B 到地	-5(1±0.5)V	0(1±0.25)V	+5(1±0.5)V

接收器输入端差动电压电平:

高:+6.5~13 V, 零:+2.5~-2.5 V, 低:-6.5~-13 V。

⑤ 发送器输出阻抗:75(1±5)Ω,在线 A 与线 B 之间均分,使输出阻抗平衡。

⑥ 位速率:高速操作的位速率为 100(1±1%)kb/s,低速操作的位速率为 12.0~14.5(1±1%)kb/s。

有关 ARINC-429 的详细条文,可参阅"美国航空无线电公司 ARINC-429 规范"。

(2) ARINC-429 数据输出

在图 7-17 中,微处理器将速度数据写入 X416。X416 是专用 ARINC-429 收发器,它将来自微处理器的数据按 ARINC-429 标准进行格式化处理,再通过专用的 ARINC-429 数据缓冲器(X417)输出,它是一个低速串行数据接口。

在多普勒导航雷达中，ARINC-429 接口提供三方面的数据：速度数据字、方式及内部测试故障状态数据字和维修数据字。

① 速度数据字格式：速度数据有三个字，分别表示纵向、横向、垂直速度。ARINC-429 速度符号规定：前向、右向、向上为 $+V_e$。这三个字的数字格式如表 7-5 和表 7-6 所列。

表 7-5　速度数据字

数据位	纵向速度数据字(1#)		横向速度数据字(3#)		垂直速度数据字(5#)	
1	1		1		1	
2	0		0		0	
3	1	ARINC 字标识符 (8位) 260(八进制)	1	ARINC 字标识符 (8位) 261(八进制)	1	ARINC 字标识符 (8位) 262(八进制)
4	1		1		1	
5	0		0		0	
6	0		0		0	
7	0		0		1	
8	0		1		0	
9	0		0		0	
10	0		0		0	
11	0		0		×	
12	0		0		×	
13	×	最低位	0		×	雷达类型识别
14	×		0		×	
15	×		0		×	
16	×		0		×	
17	×	速度数据(16位)	×	最低位	×	最低位
18	×		×		×	
19	×		×		×	
20	×		×		×	
21	×		×	速度数据 (12位)	×	速度数据 (12位)
22	×		×		×	
23	×		×		×	
24	×		×		×	
25	×		×		×	
26	×		×		×	
27	×	最高位	×	最高位	×	最高位
28	×		×		×	
29	×		×		×	
30	×	速度符号及状态	×	速度符号及状态	×	速度符号及状态
31	×		×		×	
32		奇偶校验				

直升机多普勒导航雷达原理

126

表 7 - 6　速度符号及状态

数据位			速度符号	状　态
29	30	31		
0	0	0	$+V_e$	故障告警
0	0	1	$-V_e$	故障告警
0	1	0	$+V_e$	未锁定
0	1	1	$-V_e$	未锁定
1	0	0	$+V_e$	自测试状态
1	0	1	$-V_e$	自测试状态
1	1	0	$+V_e$	正　常
1	1	1	$-V_e$	正　常

在每个字开始的 8 位为标识符,用以识别的是哪一个数据字。其中,260(八进制数)为纵向数据字,261 为横向数据字,262 为垂直数据字。

纵向速度数据字用 16 位表示速度,而垂直速度及横向速度数据字使用 12 位表示速度。

这三个速度数据字,除了输出上述速度数据外,还在第 29、30、31 位上,指示速度符号及雷达状态(故障、未锁定、自测试及正常状态)。

② 内部测试故障状态数据字:该数据字反映某雷达的状态并指示可能检测到的雷达故障。若全 0,则表示无故障;若检测到一个故障,则输出一个故障码。内部测试故障码数据字格式如表 7 - 7 所列。

③ 维修数据字:有四个 ARINC - 429 维修数据字,它是一些离散数据位及一些二进制码的混合体。维修数据字的格式如表 7 - 8 所列。这些字包含:

a. 正在被跟踪的每个波束的 VCO 脉冲计数值;

b. 多普勒天线的刻度及温度数据;

c. 多普勒波束未锁定状态;

d. AGC(自动增益控制)、M/W(微波)、BITE(内部测试设备)的故障状态。

多普勒天线数据包括在纵向、横向、斜向的刻度因子及天线底板的温度数据,温度由表 7 - 9 定义。

(3) 模拟直流电压输出

在图 7 - 17 中,来自微处理器的速度数据,经 DA 转换器 X413,转换成模拟直流电压,并通过 X414b、X414c、X414d 缓冲后输出,该模拟直流电压具有如表 7 - 10 所示特征。

表 7 - 7　内部测试故障状态数据字的格式

数据位	内部测试数据字(7#)	
1	1	
2	0	
3	1	
4	1	ARINC 字标识符(8 位)
5	0	263(八进制)
6	0	
7	1	
8	1	
9	×	最低位
10	×	
11	×	内部测试故障码(二进制)
12	×	
13	×	最高位
14	×	
15	1/0	机内自检测试:1 表示中断自检;0 表示连续自检
16	1/0	多故障指示:1 表示多于一个;0 表示一个或无故障
17	1/0	有效锁定监测:1 表示有;0 表示无
18	1/0	发射禁止:1 表示禁止;0 表示正常
19	1/0	低/高功率:1 表示低 ;0 表示高
20	1/0	CW/$\overline{\text{ICW}}$:1 表示 CW;0 表示$\overline{\text{ICW}}$
21	1/0	自检外部启动:1 表示启动;0 表示断开
22	1/0	自检内部启动:1 表示启动;0 表示断开
23	1/0	失锁状态:1 表示失锁 ;0 表示锁定
24	1/0	故障状态:1 表示故障;0 表示好
25	0	
26	0	
27	0	
28	0	未　用
29	0	
30	0	
31	0	
32	奇偶校验	

直
升
机
多
普
勒
导
航
雷
达
原
理

表 7-8　维修数据字的格式

数据位	维修数据字 1(2♯)		维修数据字 2(4♯)		维修数据字 3(6♯)		维修数据字 4(8♯)	
1	1		1		1		1	
2	1		1		1		1	
3	1	ARINC 字标识码	1	ARINC 字标识码	1	ARINC 字标识码	1	ARINC 字标识码（8 位）为 353（八进制）
4	0	（8 位）为 350（八进制）	0	（8 位）为 351（八进制）	0	（8 位）为 352（八进制）	0	
5	1		1		1		1	
6	0		0		0		0	
7	0		0		1		1	
8	0		1		0		1	
9								
10								
11								
12								
13								
14								
15								
16	VCO "B" 计　数		VCO "C" 计　数		VCO "A" 计　数		VCO "D" 计　数	
17								
18								
19								
20								
21								
22								
23								
24								
25	纵向刻度码		横向刻度码		斜向刻度码		温度码	
26								
27								
28	—				测试（内）		—	
29	—		陆　地		测试（外）		—	
30	锁定 "B"		锁定 "C"		锁定 "A"		锁定 "D"	
31	AGC 故障		M/W 故障		BITE 故障			
32	奇偶校检							

表 7-9　25 位、26 位温度码

00	01	10	11
＜ 0℃	0~40℃	—	＞40℃

表 7-10　直流速度数据特征表

参数特性	纵向速度	横向速度	垂直速度
原速度范围	±20 kn	±20 kn	±500 ft/min
转换后速度范围	±40 kn	±40 kn	±1000 ft/min
电压范围	±5 V	±5 V	±5 V
极　性	向前为＋	向右为＋	向下为＋

3．速度数据输出电路说明

速度处理器 I/O 板电路如附录图 10 所示。其中数据输出电路如图 7-18 所示。

图 7-18 包含两部分电路：模拟直流电压输出及 ARINC-429 数据输出。

(1) ARINC-429 数据输出

ARINC-429 数据输出电路如图 7-18(a)所示，它使用专用的 ARINC-429 收发芯片 EF4442 作为电路输出。

① EF4442 芯片介绍：EF4442 ARINC-429 收发器可工作在两种方式，即方式 A 和方式 B。在方式 A 时，EF4442 可以看作是微处理器的可编程外围接口电路。一个专用 ARINC-429 收发器具有四个接收通道及一个发送通道。

A．EF4442 芯片引脚图

EF4442 引脚图如图 7-19 所示。

V_{SS} 为接地脚。

$R\overline{W}/INH$：在方式 A 时，用此输入信号，选择微处理器与该芯片之间的数据传输方向（写或读）。

N_0、N_1 是两个输出端，在方式 A 时它们具有发送功能。

$\overline{CS}$ 是一个输入端，在方式 A 时，为该芯片的选通端。

A_0、A_1 是两个输入端，在方式 A 时，为寻址该芯片内部寄存器的最低有效位地址。

$\overline{RESET}$ 为复位输入端。

$\varPhi$ 是一个输入端，用于接收时钟信号。

$D_0 \sim D_7$ 是三态 IO 数据线，连到数据总线上。

V_{CC} 接＋5 V 电源。

L_0/H_0、L_1/H_1、L_2/H_2、L_3/H_3 为四组输入端，它们接收 ARINC-429 整形/分离电路输

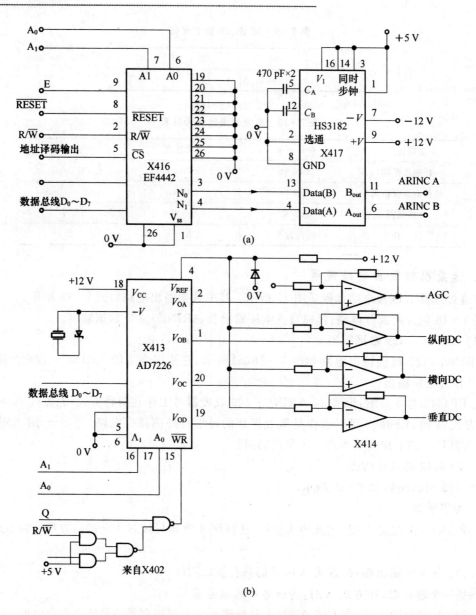

(a)

(b)

图 7 - 18　数据输出电路原理图

出的 TTL 逻辑电平信号。

　　$\overline{IRQ}/V$：在方式 A，当该端为低电平时，向微处理器送出一个串行中断请求信号。

　　MOD：是一个输入端，用来决定该芯片的工作方式，在方式 A，该输入端接地。

　　B. EF4442 内部寄存器简述

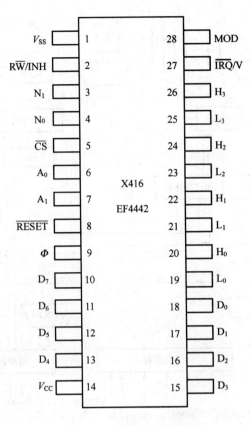

图 7-19　EF4442 的引脚

EF4442 内部框图如图 7-20 所示。

（a）一般寄存器：

ⅰ）状态寄存器是 8 位寄存器，用来向微处理器报告 EF4442 电路的工作状态（只在方式 A 时使用）。

ⅱ）控制寄存器是 8 位寄存器，用来检测 EF4442 工作于方式 A 时的电路工作情况，并用来选择 EF4442 的使用通道。

（b）发送通道寄存器：

ⅰ）可编程除法寄存器是 8 位寄存器，用来确定发送时钟频率的大小。

ⅱ）发送寄存器是一个 32 位的发送数据移位寄存器。

（c）接收通道寄存器：每个接收通道都有下列寄存器：

ⅰ）同步选通寄存器是 8 位可编程寄存器，如 D_7 位可用来阻断缓冲器中的数据传送。

ⅱ）输入寄存器是一个 32 位接收数据的移位寄存器。

ⅲ）标识符寄存器在方式 A 存放来自微处理器的可识别的 8 位标识符数据。

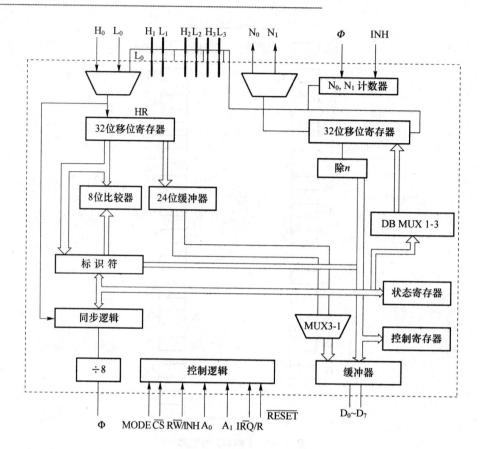

图 7－20　EF4442 内部框图

ⅳ) 缓冲寄存器是一个接收来自输入寄存器的 24 位数据的缓冲器。

C. EF4442 工作简述

（a）接收通道的工作情况可参见图 7－20 左半部分电路图。

EF4442 有四个接收通道 H_0、L_0，H_1、L_1，H_2、L_2，H_3、L_3。接收的串行数据就加在这四个通道之一的输入端。输入数据首先进入 32 位移位寄存器，并进行奇偶计算。输入时钟 Φ 被八分频，成为用于内部工作的新的时钟脉冲。

在接收数据开始时，微处理器向控制寄存器写入一个控制字，选通某接收通道，使相应通道位为"1"，并将预定的 8 位标识符写入标识符寄存器。

然后将接收数据中的第一个 8 位二进制数（接收的标识符）与各通道自己的预定标识符进行比较，如果相同，则移位寄存器中的另外 24 位数据进入 24 位缓冲器。同时，与这个通道对应的状态位置 1，$\overline{IRQ}$ 线变为低电平，最后向微处理器发出中断申请。若通道选通位为低电平，即该通道未被选通，则该通道的上述工作无法进行，使 $\overline{IRQ}$ 也不可能有效。

当微处理器读取 24 位缓冲器中的数据时,微处理器首先将通道控制位置 1,然后依次对 24 位缓冲器的三个字节寻址,使其中的数据依次出现在数据总线 $D_0 \sim D_7$ 上。当读取最后一个字节后,使相应状态字节复位为低电平状态。

(b) 发送通道工作情况简述可参见图 7-20 右半部分电路图。

发送通道由一个 32 位移位寄存器及一个可编程除法器构成。这个通道的工作是由控制寄存器 $C_0 \sim C_7$ 控制的。$C_0 \sim C_7$ 的数值由微处理器通过数据总线写入。若 $C_4 = 1$,则发射通道被选通,然后将要发送的四个字节的数据写入 32 位移位寄存器。

选择除数 n,则发送时钟脉冲频率为 $\varPhi \div n$。

当 C_5 置 1 时,开始发送数据。移位寄存器中的数据以选择的频率出现在发送通道的输出线 N_1、N_0 上。当 32 位数据发送完时,C_5 被复位为 0。

在发送第 32 位数据后,如果 C_5 位重新置 1,则在四个发送时钟脉冲周期后,又开始发送新的数据。

D. EF4442 内部寄存器寻址

在上述发送或接收数据过程中,要向 EF4442 内部寄存器发送控制字或标识符,或从 EF4442 数据缓冲器中读取数据,这需要对内部寄存器寻址。

对任何通道的寻址步骤可分二步:第一步由控制寄存器进行通道寻址(选择四个接收通道及一个发送通道),第二步对选择通道中的内部寄存器寻址。

通道寻址方法如表 7-11 所列,这是由控制寄存器中的 $C_0 \sim C_4$ 位来实现的。内部寄存器寻址方法如表 7-12 所列。

表 7-11　使用控制寄存器进行通道寻址

C_0	C_1	C_2	C_3	通道号
1	×	×	×	通道 0
0	1	×	×	通道 1
0	0	1	×	通道 2
0	0	0	1	通道 3

注:$C_4 = 1$ 时,选择发射通道

由表 7-12 可见,要对控制寄存器寻址,则使用 $A_1 A_0 = 01$ 地址,即使用该地址可向控制寄存器写入控制字。

在选择发射通道后(控制寄存器中的 C_4 位等于 1),可以依次将要发送的四个字节数据写入发射通道中的 32 位移位寄存器首先写入的,第一个字节是标识符,然后是第二、三、四字节。这四个字节的寻址是由内部的一个计数器完成的。对控制寄存器寻址时,该计数器复位。在开始写发送数据时,使用标识符寄存器地址,即 $A_1 A_0 = 11$。

在使用控制寄存器选择接收通道时,使用 $A_1A_0 = 00$ 地址,读取 24 位缓冲器第一个字节 RT1;使用 $A_1A_0 = 01$ 地址,读取第二个字节 RT2;使用 $A_1A_0 = 10$ 地址,读取第三个字节 RT3;使用 $A_1A_0 = 11$,读取状态寄存器。

表 7 - 12 内部寄存器寻址

R $\overline{W}$/INT	A_1	A_0	直接寻址	用控制寄存器寻址通道
1(读)	0	0	—	RT1
(读)	0	1	—	RT2
(读)	1	0	—	RT3
(读)	1	1	状态寄存器	—
0(写)	0	0	—	同步寄存器或除数寄存器
(写)	0	1	控制寄存器	—
(写)	1	0	未使用	—
(写)	1	1	—	标识符寄存器

② EF4442 电路的连接:EF4442 芯片在这里只用作低速发送器(MOD 脚接地)。

微处理器首先将要发送四个字节的数据写入 EF4442 芯片中的 32 位移位寄存器,然后在 EF4442 控制器控制下,将它们放在输出线 N_0、N_1 上,一位一位地发送出去。

图 7 - 18 电路中 EF4442 的四个通道的 ARINC - 429 输入线接地,表示 EF4442 芯片不工作于接收方式。芯片地址线引脚 A_1、A_0 接地址总线 A_1、A_0,R/$\overline{W}$ 脚接微处理器板输出 R/$\overline{W}$,这三根线在编程时用于 EF4442 内部寄存器寻址。

芯片 EF4442 在地址译码器 X402 输出信号控制下选通(片选端 $\overline{CS}$ 接地址译码器 X402 的 10 脚)。芯片 EF4442 输出的 ARINC - 429 数据信号,使用专用 ARINC - 429 驱动器 HS - 3182 驱动后输出。

③ HS3182 芯片简介:HS3182 是一个双极性差分输入的 ARINC - 429 总线接口驱动器,它符合 ARINC - 429 规范标准,其引脚如图 7 - 21 所示。

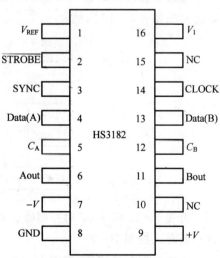

图 7 - 21 HS3182 的引脚功能

在图 7 - 21 中,SYNC 为同步信号输入端;CLOCK 为时钟输入端;有四个电源:$+V = 15(1\pm10\%)V$,$-V = -15(1\pm10\%)V$,$V_1 = +5(1\pm5\%)V$,而 V_{REF} 用来确定输出电压范围,

典型值为 $V_{REF}=V_1=5(1\pm5\%)$ V。C_A 及 C_B 为外接电容,其数值大小决定运行速度,对高速运行而言,$C_A=C_B=75$ pF;对低速运行而言,$C_A=C_B=500$ pF。

$\overline{STROBE}$ 为选通端,低电平有效;Data(A)、Data(B) 为输入端,Aout、Bout 为输出端。

HS3182 功能如表 7-13 所列。由此表可见,只有当 SYNC=CLOCK=1 时,才能正常工作;否则两个输出线均为 0 电平。Data(A)=1,Data(B)=0 时,输出高逻辑电平的 ARINC-429 数据。Data(A)=0,Data(B)=1 时,输出低逻辑电平的 ARINC-429 数据。

表 7-13　HS3182 功能表

SYNC	CLOCK	Data(A)	Data(B)	Aout/V	Bout/V	注
$\times$	0	$\times$	$\times$	0	0	0
0	$\times$	$\times$	$\times$	0	0	0
1	1	0	0	0	0	0
1	1	0	1	$-V_{REF}$	$+V_{REF}$	低
1	1	1	0	$+V_{REF}$	$-V_{REF}$	高
1	1	1	1	0	0	0

④ HS3182 的连接电路:HS3182 在雷达微机中的连接电路如图 7-18 所示。

图 7-18 中,HS3182 选通脚 2 接地,时钟脚 14 及同步脚 3 均接 +5 V。这表示 X417 芯片只要有数据从 Data(A) 及 Data(B) 输入端输入,就可在其输出端 Aout、Bout 若输出。$C_A=C_B=470$ pF 时,表示该芯片工作于低速运行状态。

(2) 模拟直流电压输出

三轴向多普勒速度的模拟电压输出电路如图 7-18 下半部分所示,它由 DA 转换电路及驱动器组成。X413 的 DA 转换电路使用 AD7226 芯片,这是一个具有四个通道的 DA 转换电路,其内部框图如图 7-22 所示,其引脚功能如图 7-23 所示。

只要在地址信号 A_1、A_0 和写信号 $\overline{WR}$ 控制下,将四个 8 位数字信号依次写入 AD7226 中的四个锁存器内,并经 DAC-A、DAC-B,DAC-C 和 DAC-D 四个转换电路转换成直流电压输出。

由图 7-18 可见,X413 除了输出表示速度的纵向、横向、垂直直流电压外,还输出自动增益控制电压(AGC)。

(3) 自动增益控制(AGC)电路

① AGC 电路功能:自动增益控制电路的目的是提供一个 AGC 电压,以控制中放及载波变换电路增益,使其输出信号振幅基本恒定。

② AGC 电路方块图:产生自动增益控制电压的电路分布在"跟踪板"及"离散 I/O 板"上,其方块图如图 7-24 所示。

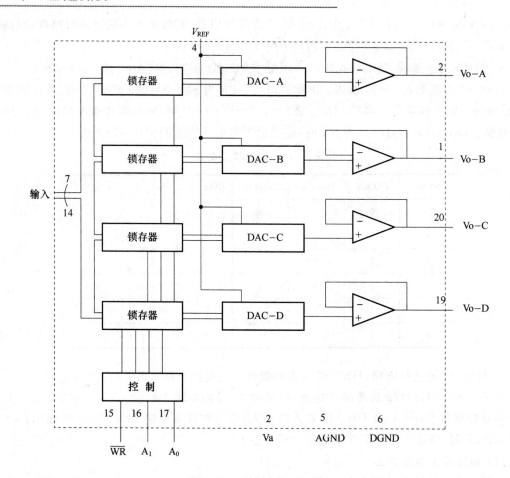

图 7 – 22   AD7226 内部框图

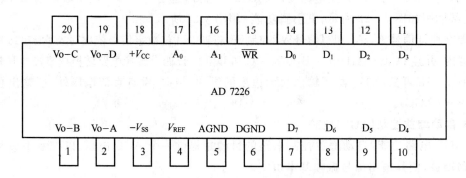

图 7 – 23   AD7226 的引脚功能

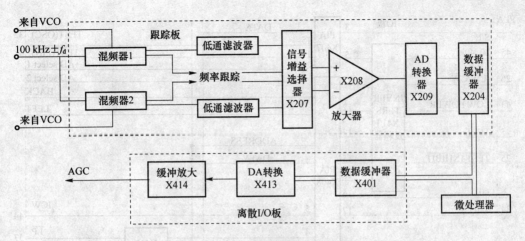

图 7 - 24　自动增益控制电路示意图

在频率跟踪器板上的上下两通道中的多普勒信号幅度,由微处理器通过模拟选择器 X207、放大器 X208 和 8 位模数转换器 X209,经每 850 μs 取样一次。在微处理器中,对这些输入信号的取样值进行软件整流,并取平均值,然后与一个预定的要求数值进行比较,并调整此 8 位数字信号的数值,然后将 8 位数字的 AGC 信号送到离散 I/O 板上,再由 DA 转换器 X413 转换成直流电压,经 X414 缓冲后输出 AGC 控制电压。

微处理器保留每个波束的已修正过的 AGC 控制值。产生 AGC 电压的有关电路画在跟踪板电路及速度处理组件 I/O 板电路中。

7.3.2　离散信号输入/输出及频率信号的产生

1. 离散 I/O 电路功能

在 I/O 板上,除输出速度数据外,还有下列功能:

① 将来自导航计算机的雷达控制信号输入到微处理器,然后输出控制多普勒导航雷达电路工作方式的控制信号。

② 将各种状态信息及各种故障信号组合起来,然后输出表示多普勒导航雷达电路工作状态的三个输出信号:$\overline{FALL}$、$\overline{LOCKFALL(V)}$ 和 $\overline{LOCK\ FALL(I)}$。

③ 输出波束控制信号 $\overline{BACK}$、$\overline{LEFT}$ 分别加到 PIN 驱动组件、载波变换电路及频率跟踪器电路上。

④ 输出跟踪板上选择 AD 转换次序的控制信号为"AD select1"及"AD select2"。

⑤ 产生频率为 400 kHz、100 kHz(0°)、100 kHz(±90°) 和 50 kHz 的信号。

2. 离散 I/O 电路方块图

(1) 产生工作方式控制信号

控制信号输入输出方块图如图 7 - 25 所示。

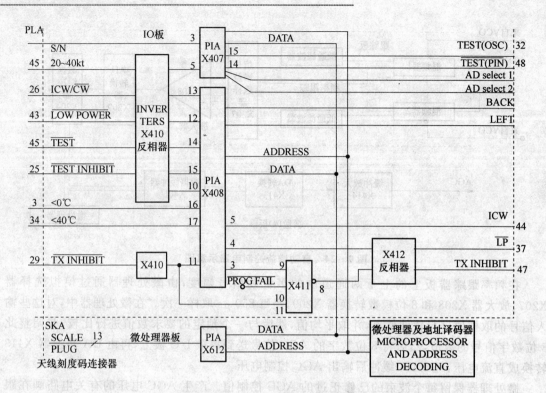

图 7 - 25 控制信号输入输出方框图

来自导航计算机对多普勒导航雷达工作方式的控制信号是 ICW/$\overline{\text{CW}}$、TX INHIBIT、$\overline{\text{LOW POWER}}$和TEST,这些信号通过 X410 反相后,加到并行接口 PIA(X408)的四个(见图 7-25)输入位上,在软件控制下,进入微处理器后给分析判断,并通过 X408 的另几位输出 $\overline{\text{LP}}$、ICW(即 $\overline{\text{CW}}$ 信号)和 X407 输出测试信号 TEST(OSC)、$\overline{\text{TEST(PIN)}}$。ICW、$\overline{\text{LP}}$、$\overline{\text{TEST(PIN)}}$信号控制多普勒导航雷达电路工作方式,TEST(OSC)用来控制内部测试振荡器。

当来自导航计算机的四个控制信号全部处于开路状态时,多普勒导航雷达工作于 ICW 方式;若将四个控制信号之一接低电平,则多普勒导航雷达就会改变工作方式。在启动或更新多普勒导航雷达工作方式时存在一个优先权问题。其优先次序如下:

① 内部测试优先于其他工作方式选择。

② 如果要改变低功率($\overline{\text{LOW POWER}}$)或中断连续波(ICW)方式,则优先权给正在改变的方式。

③ 当系统处于中断连续波方式 ICW 时,选择低功率方式($\overline{\text{LOW POWER}}$),则多普勒导航雷达会被强迫进入连续波(CW)方式。

④ 当系统处于低功率($\overline{\text{LOW POWER}}$)方式时,选择中断连续波方式(ICW),则多普勒导航雷达会强迫进入连续波($\overline{\text{CW}}$)方式。

影响多普勒导航雷达电路工作的还有下列三个控制信号：

① "$\overline{\text{TX INHIBIT}}$"信号；雷达微机输出信号。它由 X408、X411（或非门）、X412 电路产生，当存在故障时，或输入信号"$\overline{\text{TX INHIBIT}}$"＝0 时，"$\overline{\text{TX INHIBIT}}$"有效（为"1"）。该信号加到微波发生器上，当有效时，使微波发生器停止工作。"发射禁止"优先于其他所有工作方式，并可中止内部测试状态。

② "$\overline{\text{TEST INHIBIT}}$"信号来自导航计算机，通过并行接口 PIA（X408）输入微处理器，当"$\overline{\text{TEST INHIBIT}}$"＝0 时，测试控制电路将完全失去作用，此时不会进入自测试状态。

③ "$\overline{\text{AN INHIBIT}}$"信号产生于数据板，用来控制跟踪板及载频变换电路工作状态。

（2）状态信息处理

状态信息处理电路由微处理器板、内部测试电路板、AFC 电路板、PIN 驱动器板和电源组件构成，并将这些状态信息综合起来，即产生三个输出信号，以指示多普勒导航雷达的工作状态。

故障信号综合电路方块图如图 7-26 所示。

① 故障信号输入：

a. SKA 连接故障：只要刻度码连接器连到插头 SKA，则刻度插座故障线状态为低电平。但如果这个连接器未连好，则这根故障线为高电平，并通过微处理器板上的 X612 由微处理器指示该故障状态。

b. 雷达内部测试的离散故障信息：XTALL FALL 来自模拟组件的测试信号，表示晶体工作状态的故障。

M/W FALL 来自 AFC 板的故障信号，表示微波源及 AFC 电路工作状态的故障。

PIN FALL 来自 PIN 驱动器板的故障信号，表示 PIN 二极管开关状态的故障。

所有这些信号，均通过 X407 进入微处理器。

② 状态信号输出：

a. 综合故障信号$\overline{\text{FALL}}$：所有上述故障信号，通过 I/O 板上的 X407 输入微处理器，并由软件检测这些故障信号。当检测到影响多普勒性能的故障时，微处理器使 X408 的 9 脚为 1，通过 X411 输出$\overline{\text{FALL}}$＝0。

b. $\overline{\text{LOCKFALL(V)}}$信号：当多普勒导航雷达接通电源，内部检测电路没有检测到故障，并锁定到多普勒信号时，微处理器通过并行接口 PIA（X408）输出 $\overline{\text{LOCKFALL(V)}}$＝1，当未锁定到多普勒信号或检测到一个故障时，$\overline{\text{LOCKFALL(V)}}$＝0。

c. $\overline{\text{LOCKFALL(I)}}$信号：这个输出信号，在逻辑上与 $\overline{\text{LOCKFALL(V)}}$相同。

为了确保软件故障或微处理器故障不被忽略，来自数据板的"$\overline{\text{PROGFALL}}$"信号，以硬件选通方式，影响上述状态信号。

（3）其他离散信号的输入/输出

在图 7-25 方块图中，还有下列输入/输出离散信号：

① 波束开关控制信号 BACK、LEFT：波束开关控制信号 BACK、LEFT 由软件产生，并通过并行接口 X408 输出。

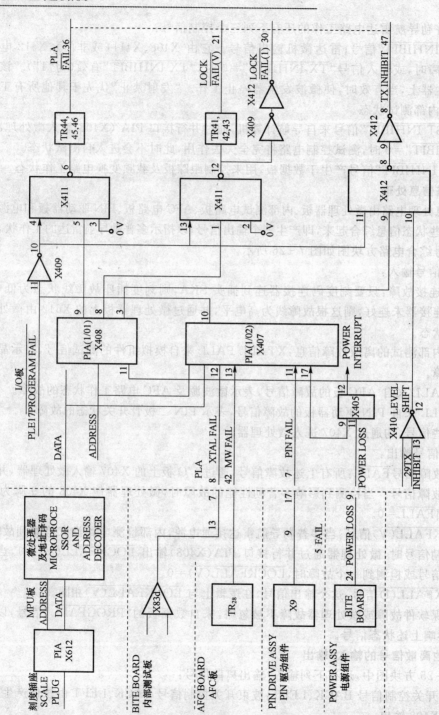

图 7-26 故障信号综合电路方块图

② 跟踪板 AD 转换次序控制信号"ADselect1"、"ADselect2"由软件产生,并通过 X407 送到频率跟踪板。

③ 信杂比信号输入:由信杂比产生电路产生的信杂比信号,由 X407 输入微处理器,微处理器根据信杂信号,决定频率跟踪器是否锁定到多普勒频率上。

④ "20 kn/40 kn"离散信号输入

这是来自悬停指示器的离散输入信号,该信号经并行接口 PIA(X407)输入微处理器,微处理器根据该离散信号的状态,决定输出直流电压的速度比例系数。如果"20 kn/40 kn"=1,则表示 4 kn/V(最大 20 kn),如果"20 kn/40 kn"=0,则表示 8 kn/V(最大 40 kn)。这个离散信号,在接通电源后立即读取。

⑤ 底座温度数据输入:在底座上,装有两个测温装置,微处理器通过并行接口 X408,读取这个温度数据。这两个测温装置工作于 0℃ 及 40℃。因此两根温度线,可指示三个温度范围,即小于 0℃、0~40℃和大于 40℃,温度码已示于表 7 - 9 中,温度数据包含在维修数据字中。

(4) 各种频率信号的产生

各种频率信号产生方框图如图 7 - 27 所示。

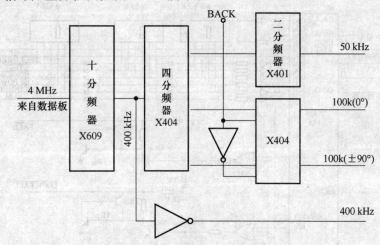

图 7 - 27　各种频率信号产生方框图

由数据板上产生的 4 MHz 晶振信号,经微处理板上 X609 的 10 分频后,产生 400 kHz 信号。

400 kHz 信号进入 I/O 板后,由一个四分频器电路 X404,产生 100 kHz 信号,并且输出两个正交的 100 kHz(0°)、100 kHz(±90°)信号。在 BACK 信号控制下输出 100 kHz(-90°)或 100 kHz(+90°)。四分频器输出的 100 kHz 信号,经二分频后,产生 50 kHz 信号。

3. 电路说明

(1) 离散 I/O 电路

离散信号的输入输出电路如图 7 - 28(a)、(b)所示。

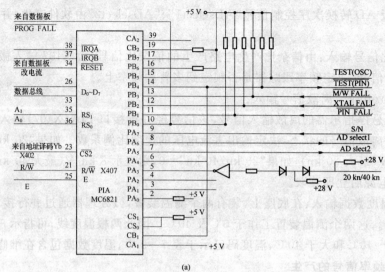

(a)

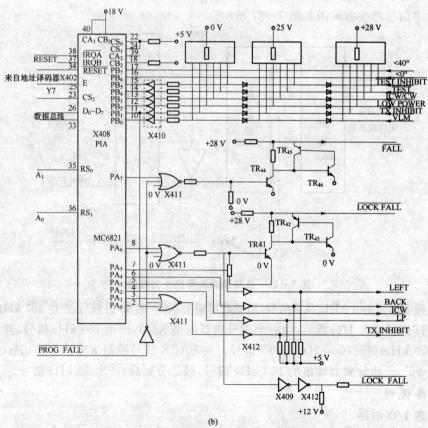

(b)

图 7 - 28　离散器信号 IO 电路原理

在图 7-28(a)、(b)中，X407、X408 都使用 MC6821 芯片，它是一个通用并行 I/O 接口电路。在图 7-28(a)、(b)电路中，RS_1 接地址线 A_1，RS_0 接地址线 A_0，$\overline{CS_2}$ 分别接地址译码器 X402 的 $\overline{Y7}$ 及 $\overline{Y6}$ 输出端（使用这些地址可对 MC6821 内部寄存器进行寻址），R/$\overline{W}$、E 接微处理器板的 R/$\overline{W}$ 及 E（使用此两控制信号对 MC6821 进行读写操作），$\overline{RESET}$ 接数据板的 $\overline{RESET}$ 信号，$D_0 \sim D_7$ 接微处理器板的数据总线。PA 口及 PB 口情况各不相同。

① X407 离散 I/O 电路：微处理器通过 X408 接收 $\overline{TEST}$ 有效信号后，通过 X407 的 PB_3、PB_4 位，输出 TEST(OSC)、$\overline{TEST(PIN)}$ 信号。在 $\overline{TEST}$=0 时，使多普勒导航雷达进入测试状态，TEST(OSC) 加到内部测试电路的振荡器上，当它有效时产生两个预定的频率信号。$\overline{TEST(PIN)}$ 信号加到 PIN 二极管开关驱动器板上，控制 PIN 二极管开关工作。

X407 的 PB_3、PB_2、PB_1、PB_0 四位为故障信号输入位，分别来自 AFC 电路的 M/W FALL 信号、内部测试电路的 XTAL FALL 信号、PIN 驱动板的 PIN FALL 信号和数据板的 $\overline{PROG FALL}$ 信号输入微处理器。

X407 的 PA_7 位为信杂比输入位（来自跟踪板）。

X407 的 PA_3 位为 20 km/40 km 信号（来自悬停指示器）输入位。

X407 的 PA_6、PA_5 为输出位，微处理器通过它们向跟踪板输出 ADselect1 及 ADselect2 信号。

② X408 离散 I/O 电路：X408 的 PB 口为输入口，其中 PB_7 及 PB_6 输入信号来自天线底座的温度参数（"<40℃"、<0℃ ）；PB_5、PB_4、PB_3、PB_2、PB_1 五位输入信号来自导航计算机的工作方式控制信号（"$\overline{TEST INHIBIT}$"、"$\overline{TEST}$"、"$ICW/\overline{CW}$"、"$\overline{LOW POWER}$"、"$\overline{TX INHIBIT}$"），PB_0 位输入"有效锁定检测"信号（VLM）。

X408 的 PA 口为输出口，PA_7、PA_6 为多普勒导航雷达状态输出位，当检测到故障或未锁定时，微处理器通过它们输出 1，于是两个或非门 X411 输出 0，三极管 TR_{44}/TR_{41} 截止，三极管 TR_{45}、TR_{46}/TR_{42}、TR_{43} 导通，输出 $\overline{FALL}$=0，$\overline{LOCK FALL}$=0。$\overline{LOCK FALL}$ 输出两路，即一路是 $\overline{LOCK FALL(V)}$ 与 $\overline{FALL}$ 信号一起送到导航计算机，另一路是 $\overline{LOCK FALL(I)}$ 送到悬停指示器。

由图 7-28(b)可见，当 PROG FALL=0 时，通过硬件使 $\overline{FALL}$=0 及 $\overline{LOCK FALL}$=0，若软件故障时，$\overline{FALL}$、$\overline{LOCK FALL}$ 也有效。

X408 的 PA_5、PA_4 输出两个波束控制信号 LEFT 及 BACK。

X408 的 PA_3、PA_2 两个输出位，微处理器通过它们向雷达电路输送"ICW"，（"$\overline{CW}$"）"$\overline{LP}$" 工作方式控制信号。

X408 的 PA_1 位输出发射禁止信号"TX INHIBIT"，满足下列条件之一时，"TX INHIBIT"=1 有效：

a. 来自导航计算机的 $\overline{\text{TX INHIBIT}}$ 信号有效（"0"）；

b. 软件故障信号 "$\overline{\text{PROG FALL}}$"＝0 有效；

c. 在测试期间或内部测试设备检测到故障时,微处理器通过 PA_1 位输出 1。

（2）频率信号产生电路

频率信号产生电路如图 7 - 29 所示。

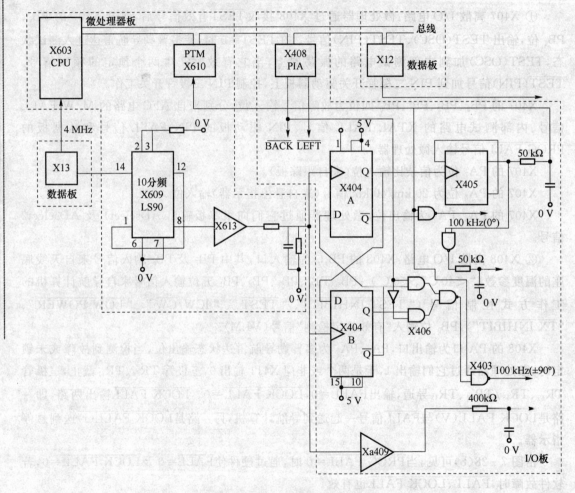

图 7 - 29　频率信号产生电路

① 10 分频器:由数据板 X13 产生的 4 MHz 晶体振荡信号,除直接送到微处理器作时钟信号外,还加到微处理器板上的 X609 分频器,进行 10 分频处理,产生 400 kHz 频率信号。X609 使用 LS90 芯片,其引脚功能如图 7 - 30 所示。LS90 是一个十进制计数器,每计 10 个脉冲,就输出一个进位信号。

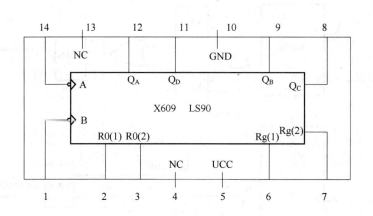

图 7-30 LS90 引脚的功能

X609 的输出信号经 X613 驱动后送到 I/O 板。

② 四分频器及 100 kHz 信号产生：来自微处理器板的 400 kHz 信号，加到 I/O 板上的四分频器上，产生 100 kHz 信号。

四分频器电路如图 7-31 所示。

四分频器电路由 X404 组成，X404 使用 HCT74 芯片，这是一个双 D 触发器。X404b 输出的信号与 X404a 输出的信号在相位上相差 90°，再由 X406、X403 处理后，产生 100 kHz(0°) 及 100 kHz(±90°) 信号，其电路如图 7-32 所示。

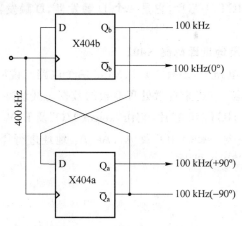

图 7-31 四分频器电路原理

由图 7-32 可见，X404a 输出信号 Q_a、$\overline{Q_a}$ 加到 X406，产生 100 kHz(±90°) 信号。

当 $\overline{BACK}=1$ 时，X406 输出 100 kHz(-90°)，而当 $\overline{BACK}=0$ 时，X406 输出 100 kHz

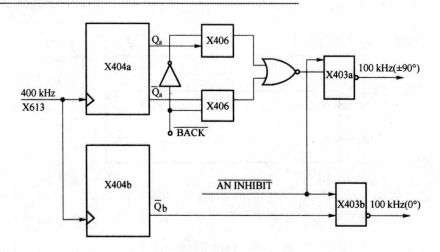

图 7 - 32　100 kHz(0°)和 100 kHz(±90°)产生电路

(+90°)，X404b 的 Q_b 输出信号通过 X403b 产生 100 kHz(0°)。由图 7 - 32 还可见，当"$\overline{ANINHIBIT}$"=0 时，X403 与非门关闭，禁止输出 100 kHz(±90°)及 100 kHz(0°)信号，此时 X403 始终输出高电平。

微处理器板输出的 400 kHz 信号，经 I/O 板中的 X409 反相后，输出 400 kHz 信号。

③ 50 kHz 信号产生：由四分频器产生的 100 kHz 信号，从 X404b 的 Q 输出，再经 X405 的二分频，则产生 50 kHz 信号，其电路如图 7 - 29 所示。

二分频器 X405 使用 HCT74 芯片，它是一个 D 触发器，D 触发器的 D 端连到 $\overline{Q}$ 端，就是一个二分频器。

(3) 数据缓冲器 X401 及地址译码器 X402

在附录图 10 的 I/O 板电路中，还有 X401、X402 两个电路未说明。

X401 是数据总线缓冲器，它将来自微处理器板的数据总线缓冲后接到 I/O 板上的其他器件的数据线上。X401 使用 HCT245 芯片，它由"select I/O"及 R/$\overline{W}$ 信号选通。

X402 是地址译码器，它对"select IO"及 A_8、A_9、A_{10} 地址进行译码，决定 I/O 板上各器件的选通地址，X402 使用 HCT138 芯片。

第8章 测试电路

8.1 测试电路功能

内部测试电路用来检测多普勒导航雷达中的大部分电路的故障情况。在多普勒导航雷达中有些电路工作情况被连续地检测,另一些电路功能在中断方式的内部测试中,受到严格的检查。

8.2 测试电路方块图

内部测试电路方块图如图8-1所示。

8.2.1 连续的内部测试

1. 连续测试信号

为了测试多普勒导航雷达的主要功能,要连续地测试一些信号。

"PIN FALL"信号的状态表示 PIN 驱动波束开关次序及收发方式是否正常。"M/W FALL"信号状态表示微波发生器、本地振荡器及 AFC 电路是否正常工作。"PIN FALL"及"M/W FALL"信号,直接加到如图7-26所示的故障信号综合电路中。这两个信号的产生,已在有关电路中说明。

图8-1中的比较器 X83a、X83b、X83c、X83d 用来测试接收机的工作情况。来自信号混频器的"XTAL1"、"XTAL2"和来自自频调混频器的"REF XTAL"信号,在 X83a~X83d 比较器中,与基准电平进行比较,若不符合标准,则产生综合性的晶体故障信号"XTAL FALL"。该信号也加到图7-26所示的故障信号综合电路中。"XTAL1"、"XTAL2"、"REF XTALL"信号的产生,已在有关电路中说明。

自动增益控制电路(AGC)的工作点表示了接收机是否有足够的增益。每个波束的接收机的 AGC 电压控制值,保存在微处理器板的存储器中,并由软件检测,检查它是否达到控制范围的最大增益极限,如果达到这一极限,则产生一个"软件 AGC FALL 信号"。这表示接收机增益不够,或表示输入信号太小。

直升机多普勒导航雷达原理

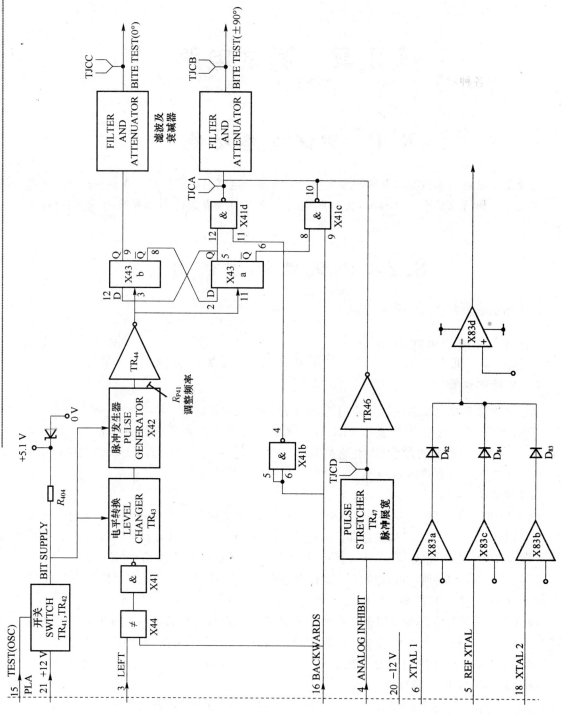

图 8 - 1　内部测试电路方块图

2. 软件故障检测

软件故障检测电路在数据板上，用来测量程序循环时间。在出现一个错误时，就产生复位信号"$\overline{\text{RESET}}$"；如果该错误继续下去，就会产生"$\overline{\text{PROG FALL}}$"信号，表示软件故障。

所有上述各种状态信号都在图 7-26 所示故障信号综合电路中进行综合处理，然后产生总的状态信息，如 $\overline{\text{FALL}}$ 及 $\overline{\text{LOCK FALL}}$。

8.2.2　内部中断测试

1. 内部中断测试的启动及测试次序

操作者可以通过"$\overline{\text{TEST}}$"控制输入信号（由导航计算机选择）或由微处理器（自动）选择中断内部测试功能。在复位后，或在设备接通电源时，或在出现未锁定状态时间持续 5 min 之后，自动选择"内部中断测试"。但当在工作台上测试，并将数据模块上的 TJP 连到 0V（TJB）时，禁止自动选择内部中断测试功能。

当选择内部中断测试功能时，由微处理器制定一个测试次序。在每次以中断方式测试期间，"$\overline{\text{TEST(PIN)}}$"信号保持为低电平。该信号的功能是：在微波收发通道中，产生一个大的衰减，使外部信号不影响测试工作。

在测试过程中，首先将频率跟踪器 VCO 的控制值加到高频端，使 AGC 电压达到正常的满增益电平（即略低于最大增益）。1 s 钟后，由可编程定时器 PTM（X611）测量的 VCO 计数达到预定极限值，则每个波束的信杂比应处于"未锁定"状态。然后将 VCO 控制位移到低频端，AGC 电压下降到较高增益少 20 dB；再过 1 s 钟后，检查 VCO 计数值达到新的预定的极限值，每个波束信杂比应处于锁定状态。最后，由内部测试振荡器输出两个正交的测试信号，输入到声频电路（见图 5-2 载波变换电路）中，频率跟踪器锁定到这个频率上（最大捕获时间 25 s）。当所有波束被锁定时，检查跟踪的频率应为预定值。

如果这个测试次序是成功的，并且是由外部测试请求所引起，则正在被跟踪的速度作为测试的速度数据输出，同时设备状态从未锁定变为锁定。多普勒导航雷达正常的自测试速度是：前向 140 kn，右向 34 kn，垂直 0 kn。只要内部测试功能未解除，多普勒导航雷达将一直跟踪、检查并输出这些测试速度。

如果这个测试次序是自动选择的，一旦成功地完成检查，则多普勒导航雷达立即回到正常工作状态，检查的测试速度不当作数据输出，状态位保持为未锁定状态，并无故障指示，除非在进行某项测试时，出现故障。

2. 内部中断测试振荡器

内部中断测试振荡器方块图如图 8-1 上半部分所示。其功能是产生内部中断测试所需要的测试信号 TEST(0°) 及 TEST(±90°)。

在正常工作时，由晶体管 TR_{41}/TR_{42} 组成的开关是断开的，因此内部测试振荡器不工作。

当"TEST(OSC)"(由微处理器产生,从 I/O 板输出)信号为高电平时,这个开关接通,于是由齐纳二极管 D41 产生＋5.1 V 和＋12 V 电压,使中断内部测试振荡器工作。脉冲振荡器 X42 是一个工作于无稳定状态的定时器电路,它的振荡频率由电平变换器 TR_{43} 及可变电阻 R_{P41} 调整。这个脉冲振荡器的输出信号,通过缓冲器 TR_{44} 加到由 D 触发器组成的四分频器电路(X43a,X43b)上。这些触发器输出信号相位是正交的。X43b 的输出信号经滤波(减少谐波分量)和衰减后,作为"BITE(0°)"信号加到声频电路上。

在 A、B 波束期间,当 BACK 信号为低电平时,X43a 的 Q 信号,通过 X41d 反相后输出,经滤波和衰减后,作为"BITETEST(＋90°)信号,加到声频电路上。在 C、D 波束期间,当 BACK 信号为高电平时,X43a 的 $\overline{Q}$ 信号通过 X43c 反相后输出,因此测试信号的正交关系被反过来,输出 BITE TEST(－90°)信号,这导致产生正确的边带频率分量。

在 B 和 D 波束期间,BACK、LEFT 信号电平不同,因此异或门 X44 输出高电平,反相器 X41a 输出低电平;在 A 及 C 波束期间,BACK、LEFT 同为高电平或同为低电平,异或门 X44 输出低电平,反相器 X41a 输出高电平。因此,在 B 及 D 波束期间,与 A 和 C 波束期间的电平变换器 TR_{43} 的输出电流不同,从而使两种情况的脉冲振荡器的振荡频率不同,即 B 和 D 波束的测试频率不同于 A 和 C 波束的测试频率,使横向测试速度不同于纵向测试速度。"模拟禁止"信号通过展宽器 TR_{47} 和反相器 TR_{46},阻塞 BITE TEST(±90°)信号。

8.3 内部测试电路说明

模拟组件内部测试板电路如附录图 11 所示,而测试电路分布于多普勒导航雷达的各块电路板中,有关情况的说明,已在前面各节所叙述。

附录图 11 中只包括两部分电路:晶体电流故障信号 $XTAL_1$、$XTAL_2$、REF XTAL 信号的综合电路和内部测试振荡器电路。

8.3.1 晶体故障信号 XTAL FALL 的产生

XTAL1、XTAL2、REF XTAL 信号加到比较器 X83a、X83b、X83c 输入端,与基准电压电平进行比较,这些基准电平都由电阻分压电路产生。

X83 使用 OP420 芯片,这是一个高增益四运算放大器集成电路芯片。

当输入信号电平大于基准电平时,X83a、X83c、X83b 输出低电平,二极管 D_{82}、D_{84}、D_{83} 断开,X83d 输出高电平。

当输入信号电平低于基准电平时,X83a、X83c、X83b 输出高电平,二极管 D_{82}、D_{84}、D_{83} 导通,X83d 输出低电平。

8.3.2 测试振荡器

1. 振荡器电源开关

电源开关 TR_{41}、TR_{42} 是决定测试振荡器能否工作的电路,电路如图 8-2 所示。

当 TEST(OSC)为低电平时,TR_{41}、TR_{42} 均截止,D_{41} 上无电压,因此 D_{41} 输出电平为 0 V(开关断开);当 TEST(OSC)为高电平时,TR_{41}、TR_{42} 均导通,结果使 +12 V 电压通过 TR_{42} 加到稳压管 D41 上,产生稳压电压 5.1 V,并送到 TEST 振荡器电路。

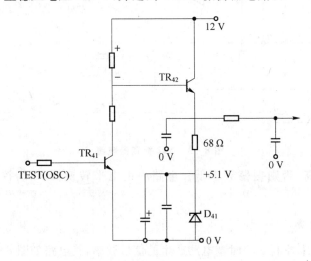

图 8-2 振荡器电源开关原理电路

2. 脉冲发生器 X42

X42 使用 555 芯片,它是一种典型的时基振荡电路器件。该时基电路可工作于三种模式:单稳模式、双稳模式、无稳模式。在这里该芯片用作多谐振荡器。其内部功能图连同外部元件连接如图 8-3 所示。

555 芯片内有三个阻值相同的分压电阻 R,节点电压 $2V_{CC}/3$、$V_{CC}/3$ 作为比较器 A_1、A_2 的基准电压,比较器输出信号触发 RS 触发器,RS 触发器的输出端 $\overline{Q}$ 控制三极管 TR_1 的导通与截止。只要 RS 触发器主复位端 $\overline{MR}=0$,RS 触发器输出 Q=0。

当电源接通时,电容 C_{403} 来不及充电,A_2 比较器输出 1,A_1 比较器输出 0,于是 RS 触发器置 1,即输出端 Q 为高电平;随着 C_{403} 的充电,A_2 的 2 脚电压上升,当上升到 $2V_{CC}/3$ 时,A_1 比较器输出 1(A_2 比较器在 V_2 上升到 $V_{CC}/3$ 时已置 0),于是 RS 触发器复位,输出端 Q 为低电平,输出端 $\overline{Q}$ 为高电平,使 TR_1 导通,C_{403} 迅速放电,RS 触发器又置 1,C_{403} 又充电……,结果在输出端 Q 产生一个方波信号。输出信号的频率可调由充电回路的电阻及电容决定。当 C_{403}

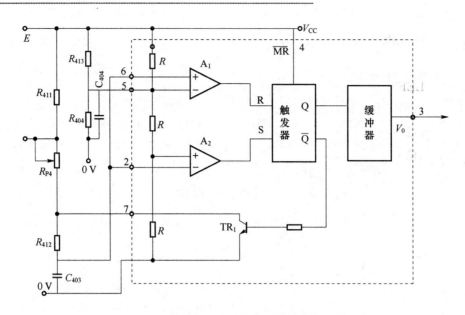

图 8 - 3　X42 振荡器电路

充电快时,振荡频率高,否则振荡频率低。电路中由电平转换器 TR_{43} 控制 C_{403} 充电电流来实现。

3. 电平变换电路

电平变换电路用来控制 555 时基电路产生的信号频率,其电路如图 8 - 3 所示。

图 8 - 4 中,X44d 使用 LS86 芯片,它是一个四异或门电路芯片,X41a 是四与非门电路芯片。

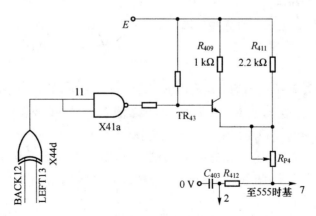

图 8 - 4　电平变换电路

只要 BACK、LEFT 之一为 0，另一端为 1，则 X41a 输出 0，晶体管 TR_{43} 截止，则电源 E 通过 R_{411}、R_{P4}、R_{412} 对电容 C_{403} 充电，由于充电电流较小，所以时基电路制成的振荡器的振荡频率较低。

当 BACK、LEFT 逻辑电平相同时，X41a 输出 1，于是 TR_{43} 导通，电源 E 通过 R_{409}、TR_{43}、R_{P4}、R_{412} 对 C_{403} 增加一个充电电流，所以此时充电电流较大，故振荡器的振荡频率高。

4. 四分频器

振荡器输出信号经 TR_{44} 反相缓冲后，加到一个四分频器电路进行四分频。四分频电路如图 8-5 所示。

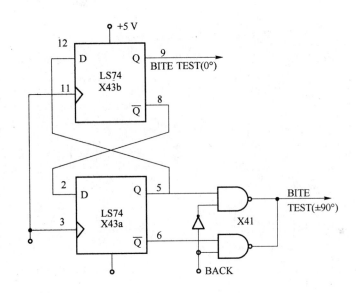

图 8-5 四分频电路

图 8-5 中，X43 使用 LS74 芯片，它是一个双 D 触发器，其电路与第 7 章中图 7-31 讲的四分频器电路结构相同。由图可以看出，X43b 的 Q 输出信号为 TEST(0°)，X43a 的 Q 输出信号为 TEST(+90°)，而 X43a 的 $\overline{Q}$ 为 TEST(-90°)。这后二个信号在 BACK 信号控制下轮流输出。当 BACK=0 时，输出 TEST(+90°)；当 BACK=1 时，输出 TEST(-90°)。

这些 TEST 信号，经滤波后送到载波变换电路的声频电路输入端。

5. $\overline{\text{AN INHIBIT}}$ 信号的控制

$\overline{\text{AN INHIBIT}}$ 信号控制电路如图 8-6 所示。

当 $\overline{\text{AN INHIBIT}}$ =1 时，TR_{47} 导通，TR_{46} 截止，所以，TR_{46} 及 TR_{47} 对与门 X41 输出无影响。

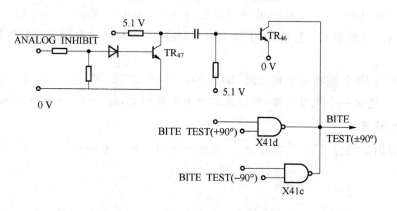

图 8 - 6　$\overline{\text{AN INHIBIT}}$信号控制电路

154

当$\overline{\text{AN INHIBIT}}=0$ 时，TR_{47} 截止，TR_{46} 导通，使与门 X41 输出端旁通入地，于是阻止 TEST（$\pm 90°$)信号的输出。

第9章 电 源

9.1 电源电路功能

多普勒导航雷达电源使用直升机＋28 V电压作输入,滤除机上电源中存在的波动,为多普勒导航雷达提供稳定的＋28 V、±12 V、＋5 V的直流电源。并在接通电源时,或在电源中断后,产生一个复位信号$\overline{\text{RESET}}$,使雷达微机进行复位处理。

9.2 电源方块图

多普勒导航雷达电源为开关型电源,其基本原理是:把一个直流电源,通过一个斩波器,变成高频交流信号,然后对此高频信号进行整流、滤波,输出直流电压。基本方块图如图 9-1所示。

28 V电源通过预调电路,产生一个较稳定的＋24 V电压。图 9-1中,振荡器产生一串脉冲信号,在该脉冲信号控制下,斩波器使＋24 V电压交替输出,即一会儿输出＋24 V,一会儿输出－24 V,因此斩波器输出信号频率由振荡器决定。将斩波器输出信号经整流滤波后,输出一个稳定的直流电压,将输出电压反馈到振荡器上,控制振荡器的脉冲宽度(孔度比),可以稳定输出电压的变化。

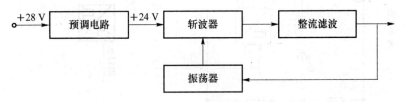

图 9-1 电源基本方块图

多普勒导航雷达电源详细方块图如图 9-2所示。

图 9-2中,TR_8、TR_3、TR_4等电路为预调电路。变压器 T_1 及开关 TR_{12}、TR_{13} 为斩波器电路,脉冲调制器用作振荡器,这两部分电路组成开关调制器。整流滤波电路为输出电路。

直升机多普勒导航雷达原理

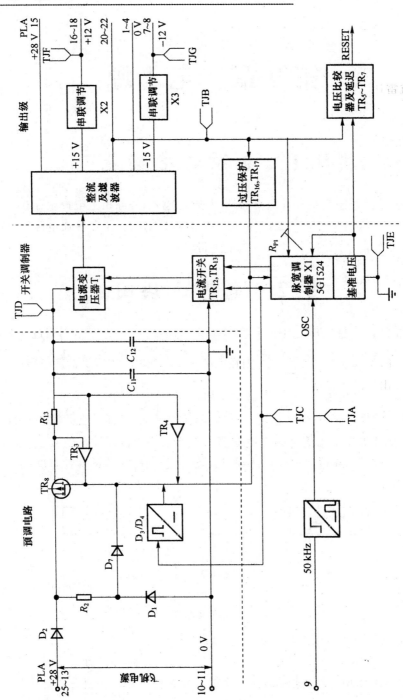

图 9-2 雷达电源详细方块

9.3　电源电路说明

多普勒导航雷达电源组件电路如附录图 12 所示。

电源电路由三部分组成：预调电路、开关调制器（包括斩波器、振荡器）及输出级。

9.3.1　预调电路

预调电路的用途是把直升机＋28 V 直流电压预调为比较稳定的＋24 V 电压。

在直升机＋28 V 电源刚接通时，通过电阻 R_2、二极管 D_7 把一个正电压加到串联场效应管 TR_8 的栅极 G，因此 TR_8 导通。为了使它充分导通，要求栅极电位较源极电位高一点。为此在电源接通后，把一串脉冲加到二极管泵 D_3/D_4 上，在电容器 C_5 上，产生一个正的栅源电压。这串脉冲来自脉宽调制器 X1，可使二极管 D_7 反偏截止，从而使 TR_8 栅极与输入电源断开。当电源接通，并出现大的波动电流时，电阻 R_{13} 及晶体管 TR_3 提供一个限流功能。同时预调电路中的下列电路可使设备免受过压波动的危险：首先，齐纳二极管 D_1 防止波动电压进入 TR_8 栅极 G；其次，晶体管 TR_4 为 TR_8 提供一个电压反馈，当输出电压达到 30 V 时，TR_4 及 TR_8 组成一个串联调压器，防止输出电压进一步增加。另外，当输入负向电压时，二极管 D_2 反偏而使输入断开，保护了预调电路。再则在电源中断达 60 ms 时，在储能电容 C_{11}、C_{12} 中储存的能量，可以输出足够的电压。

9.3.2　开关调制器

开关调制器由斩波器 TR_{12}、TR_{13}（见图 9-4）及脉冲宽度调制器 X1（见图 9-4）组成。TR_{12}、TR_{13} 将＋24 V 电压斩波成高频信号，而 X1 产生一个脉冲宽度可调的方波信号，控制斩波器工作，并为二极管泵提供脉冲信号。

脉冲宽度调制器 X1 使用 SG1524 芯片，这是一个开关电源控制器。SG1524 内部功能如图 9-3 所示，在图中，还画出了有关外围电路。

SG1524 内部包含误差放大器、振荡器、基准电源、限流保护、脉宽调制器、触发器及两个输出晶体管。

15 脚加＋24 V 电压，在 SGL524 内部产生＋5 V 基准电压，并在 16 脚输出。振荡器产生一串方波，其频率由 6、7 脚上的电阻电容决定。振荡波形加到触发器上进行二分频，并从 Q 及 $\overline{Q}$ 产生反相信号，再通过控制门，由二个晶体管输出。误差放大器输入端 IN_- 接到基准电压＋5 V（16 脚输出）的取样电阻上，输入端 IN_+ 接到电源＋5 V 输出端的取样电阻上，两个取样电压在误差电压放大器中进行比较及放大，从而测得输出电源电压的变化，由此产生误差电压。该误差电压经调制后控制输出门，达到调节输出脉冲宽度，从而调节输出电压大小，稳定输出电压的目的。

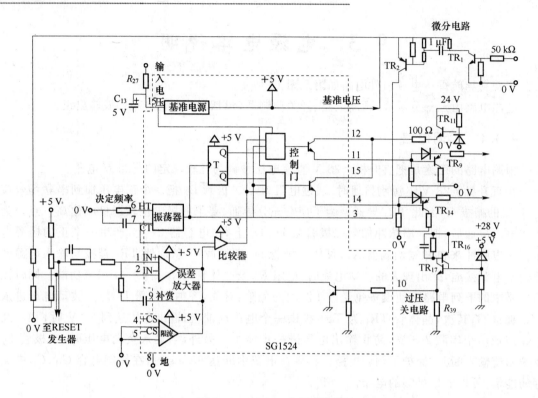

图 9 - 3　SG1524 内部功能图

10 脚接过压电路,当电源输出过压时,禁止 SG1524 输出脉冲信号。当 +5 V 超过预定极限时,TR_{16}、TR_{17} 导通,使 SG1524 的 10 脚为高电平,导致 SG1524 内部三极管导通,从而禁止 SG1524 输出。X1 工作频率略低于 50 kHz,使用来自 I/O 板的 50 kHz 信号同步 X1 的工作状态,50 kHz 信号由 TR_1、TR_2 微分处理后,在其上升沿处产生一个正的窄脉冲,加到 X1 的振荡脚 3。X1 产生的脉冲从两个晶体管发射极输出。

脉宽调制器输出的两个反相脉冲信号控制 TR_{12}、TR_{13} 场效应管组成的斩波器,对 24 V 进行斩波处理,其电路如图 9-4 所示。

当 TR_{12} 栅极加正脉冲时,TR_{12} 导通,+24 V 电压通过变压器 T_1 上半部分致使导通,此时 TR_{13} 截止。相反,当 TR_{13} 栅极加正脉冲时,TR_{13} 导通,+24 V 通过变压器 T_1 的下半部分致使导通。这样,在脉冲宽度调制器输出信号控制下,+24 V 电压一会儿正相,一会儿反相地向变压器 T_1 供电,于是直流电压变成了交流电压。

9.3.3　输出级

从变压器 T_1 次级开始到产生 +28 V、±15 V、±12 V、+5 V 输出电压之间的电路为输出级,它们都是典型的整流滤波电路。

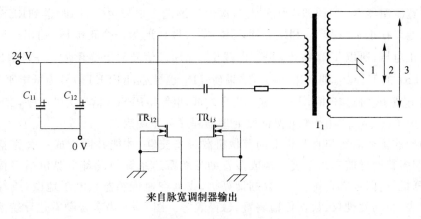

图 9 - 4　斩波器电路

变压器 T_1 次级有一个公用中心抽头,在图 9 - 4 中,明显地表示出了三组次级绕组电路。第一组输出信号经整流滤波后产生 +5 V,第二组输出信号经整流滤波后产生 ±15 V,第三组输出信号经整流滤波后产生 +28 V。

+5 V 电压反馈到脉宽调制器作比较器取样输入电压,所以 +5 V 已是稳定的电压。而 ±15 V 只进行了整流滤波,所以经串联调压器 X2、X3 再次调压后,输出 ±12 V 电压。X2、X3 使用 LM117 芯片,LM137 作为三端稳压器,它们都是可调压的稳压电路。

9.3.4　$\overline{\text{RESET}}$信号产生电路

当输出 +5 V 下降到某电压时,该电路输出一个 $\overline{\text{RESET}}$ 信号,对微处理器进行复位处理。产生 $\overline{\text{RESET}}$ 信号的电路如图 9 - 5 所示。

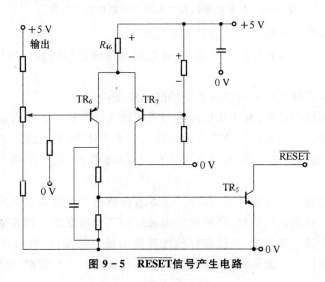

图 9 - 5　$\overline{\text{RESET}}$信号产生电路

送到脉宽调制器 X1 中误差电压放大器输入端的两个取样电压,同时送到$\overline{RESET}$信号产生电路输入端。在正常情况下,TR$_7$导通,TR$_6$发射极到地为一个正电压,输出＋5 V 的取样电压大于该正电压,所以 TR$_6$截止,TR$_5$也截止,$\overline{RESET}$信号输出端开路。一旦输出＋5 V 电压下降,使 TR$_6$ 的 $V_{be}<0$,则 TR$_6$ 导通,结果使 TR$_5$ 也导通,$\overline{RESET}$信号为低电平有效。

另外,当电源开关刚接通时,＋5 V 输出电压较低,也保持$\overline{RESET}$信号为低电平,直到＋5 V 电压上升到稳定值的 95％为止,这可保证微处理器程序的正确启动。

多普勒导航雷达需要与直升机上的其他机载设备交联,才能共同构成一套完整的自主式导航系统,即多普勒导航雷达系统。构成多普勒导航雷达系统的设备主要包括多普勒导航雷达、导航计算机、航向姿态系统、大气数据计算机(或真空速传感器)、电子地图(或气象雷达)、无线电高度表、自动驾驶仪、数据传输装置、悬停表等。图 9-6 为多普勒雷达导航系统主要设备交联关系图。

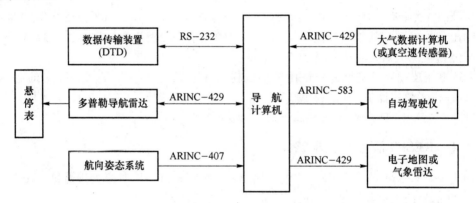

图 9-6　多普勒导航雷达系统主要设备交联关系图

各交联设备在多普勒导航系统中的简要功能如下:

多普勒导航雷达即多普勒速度传感器,在载机相对地面运动时获得机体坐标系的三轴向速度。

航向姿态系统提供载机在大地坐标系中的航向姿态信息。

导航计算机作为核心设备,利用从航向姿态系统输入的载机姿态航向信息,将多普勒雷达输出的机体坐标系的三轴向速度转换成大地坐标系的水平速度,再对地速进行积分,推算出当前位置;再结合事先加载或装订的飞行计划数据,计算出航迹、待飞距离及待飞时间等导航参数。

飞行数据加载盒是一个快速装、卸部件。加载盒由数据卡和安装盒两部分组成。使用前,先利用配套的飞行计划数据加载台,在地面将编辑好的飞行数据加载到数据卡中,然后再单独把数据卡插装入机上的安装盒里,通过在导航计算机面板上的操作,将航点、航线等飞行计划数据上传到导航计算机中。此外,还可卸载导航计算机记录的飞行数据,以便在飞行数据加载台上进行地面再现分析。

大气数据计算机或真空速传感器为导航计算机提供载机却相对于空气的运动速度及其他大气数据，导航计算机利用真空速和地速的速度矢量三角形关系解算风速和风向。当多普勒雷达由于反射面特性偶然处于记忆工作状态或设备失效时，还可利用真空速和记忆的风速，由速度三角形反推出地速。导航计算机还可将导航参数输出，以便在电子地图或气象雷达等辅助导航设备上显示。

悬停表主要显示直升机接近或正在悬停时的纵向速度、横向速度和垂直速度。

参考文献

[1] 林宝玺等.多普勒雷达[M].北京:国防工业出版社,1982.

[2] 赵厚君,徐逸梅,黄灼白译.多卜勒装置与系统[M]. 北京:国防工业出版社,1982.